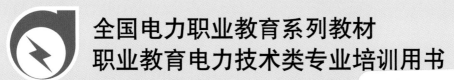

全国电力职业教育系列教材
职业教育电力技术类专业培训用书

U0393815

配电线路检修
实训教程

主编　杨力
编写　杜印官　魏　欣　何伯伦
主审　孙晓庆

中国电力出版社
CHINA ELECTRIC POWER PRESS

内容提要

本书包括基础知识和技能实训两个部分。基础知识部分共 4 章，主要介绍了配电线路检修作业中常用的安全作业、工器具及其使用、配电线路电气工程图纸识读等。技能实训部分共 12 个模块，主要内容有触电急救，使用单臂直流电桥测量 10kV 配电变压器高压侧直流电阻，使用接地电阻测试仪测量 10kV 配电变压器接地电阻，使用绝缘电阻表测量 10kV 配电变压器绝缘电阻，GJ－35 拉线制作安装，使用固定式人字抱杆立杆，停电更换 10kV 配电线路直线杆三相瓷横担绝缘子，停电更换 10kV 配电线路耐张悬式绝缘子，使用花杆和皮尺进行 10kV 配电线路分坑，10kV 直线杆瓷棒、针式绝缘子上导线绑扎，使用压接法修补导线，配电线路及设备常规巡视。

本书可作为配电线路工、农网配电营业工等相关岗位工作人员的自学和培训教材。可作为高等职业教育院校电力技术类专业实训指导教材，还可供配电线路运行和检修专业技术人员参考。

图书在版编目（CIP）数据

配电线路检修实训教程/杨力主编. —北京：中国电力出版社，2013.7（2022.8 重印）

全国电力职业教育规划教材

ISBN 978－7－5123－4555－3

Ⅰ. ①配… Ⅱ. ①杨… Ⅲ. ①配电线路-检修-职业教育-教材 Ⅳ. ①TM726

中国版本图书馆 CIP 数据核字（2013）第 125274 号

中国电力出版社出版、发行

（北京市东城区北京站西街 19 号 100005 http：//www.cepp.sgcc.com.cn）

三河市万龙印装有限公司印刷

各地新华书店经售

*

2013 年 7 月第一版 2022 年 8 月北京第十次印刷

787 毫米×1092 毫米 16 开本 11 印张 266 千字

定价 46.00 元

前　　言

本书包括基础知识和技能实训两个部分。基础知识部分共 4 章：第 1 章主要阐述了配电线路基本结构、运行与检修工作内容和工作原则；第 2 章安全作业，主要阐述了配电线路检修作业中高处作业的分级、安全要求和预控措施，不停电作业和停电作业的相关规定，外伤急救处理措施以及安全文明生产要求等；第 3 章工器具及其使用，主要阐述了配电线路检修作业中常用的个人工器具、安全工器具和专用工器具的种类、使用方法和注意事项；第 4 章配电线路电气识图，主要阐述了配电线路工程和装配图纸的识读方法和编制材料表的方法等。技能实训部分共 12 个模块，主要内容有触电急救，使用单臂直流电桥测量 10kV 配电变压器高压侧直流电阻，使用接地电阻测试仪测量 10kV 配电变压器接地电阻，使用绝缘电阻表测量 10kV 配电变压器绝缘电阻，GJ‐35 拉线制作安装，使用固定式人字抱杆立杆，停电更换 10kV 配电线路直线杆三相瓷横担绝缘子，停电更换 10kV 配电线路耐张悬式绝缘子，使用花杆和皮尺进行 10kV 配电线路分坑，10kV 直线杆瓷棒、针式绝缘子上导线绑扎，使用压接法修补导线，配电线路及设备常规巡视。

本书自 2007 年开始酝酿，根据《中华人民共和国国家职业标准》（配电线路工 11—047）、《国家电网公司生产技能人员职业能力培训规范》（第 3、4 部分）、《四川省电力公司生产人员岗位培训标准》等相关国家、电力行业、企业的规程、规范和标准对配电线路运行和检修人员职业能力的要求，结合《高压输配电线路施工运行与维护专业人才培养方案与课程标准》对培养学生岗位工作能力的要求，按照生产现场标准化作业的要求，组织来自企业生产一线的配电线路专业优秀技能人才，认真研究了电网企业生产实际和配电技术发展趋势，梳理了当前从事配电线路检修和运行工作所需的知识和技能编撰而成。全书突出"工作任务导向、规范作业流程、理论知识够用，突出技能实训"的职业教育和培训特色，强调安全作业和标准化作业。为便于读者学习，书中采用了大量源自生产作业现场和技能实训现场的实拍图片，增强了本书的实用性和可读性。

本书由国网四川省电力公司技能培训中心（四川电力职业技术学院）杨力副教授主编，魏欣、杜印官参编，来自成都电业局生产一线的配电线路高级技师何伯伦也参与了本书编写工作。本书由四川省电力公司德阳电业局孙晓庆高级技师主审。全书编写分工如下：魏欣编写了基础知识部分第 2 章和技能实训部分模块 1、模块 2、模块 9，杜印官编写了基础知识部分第 3 章 3.1、3.2 和技能实训部分模块 4、模块 10、模块 11，何伯伦编写了技能实训部分模块 5、模块 7、模块 12，杨力编写了基础知识部分第 1 章、第 3 章 3.3、第 4 章和技能实训部分模块 3、模块 6、模块 8，全书由杨力完成统稿。

本书的出版由国网四川省电力公司教育培训经费专项资助。

鉴于编者知识、技能水平有限，书中尚有不妥之处，恳请读者批评指正。

编　者

2013 年 3 月

目 录

第一部分

配电线路检修基础知识

1 概　述

1.1　配电线路基本结构

电力线路是电力网的重要组成部分之一，它承担着输送和分配电力能源（电能）的任务。配电线路是电力网的重要组成部分，它是传输、分配电能的主要通道和工具，配电线路的电压等级有 0.4、10、35、66kV 等。随着工业化建设的发展，电力网向一些大型企业分配电能甚至采用了 110kV 或 220kV 电压等级的电力线路。

按照组成结构及功能的不同，配电线路可以分为架空配电线路、电缆配电线路和配电设备三部分。架空配电线路由基础、杆塔、导线、地线（避雷线）、金具、绝缘子和接地装置等组成。架空配电线路是用金具和绝缘子将导线固定在直立于地面的杆塔上，通过导线传导电流，以传输和分配电能。与电缆配电线路相比，架空配电线路具有结构简单、技术要求低、建设成本低、施工周期短、易于检修维护等特点，电缆配电线路由于造价和技术要求高，主要用于城区或地面狭窄而线路拥挤地区。配电设备包含配电变压器，避雷器，高、低压熔断器，柱上断路器，隔离开关，分支箱，环网柜等设备。架空配电线路是目前配电网电能输送和分配的主要形式，本书研究的对象为架空配电线路及设备，至于电缆配电线路检修将在另外分册讨论。

1.2　配电线路运行与检修

架空配电线路（简称线路）长期处于大气环境及强电磁环境下，承受着较大的电气和机械荷载，容易受到风、雨、雾、覆冰、雷电、烟雾、粉尘、外力破坏等因素的影响，导致各组成部分出现劣化、老化甚至损坏。为了保证线路运行的可靠性及提高线路运行的质量，确保线路的安全、可靠、经济运行，需要持续不断地对线路进行巡视、监测和维修。在线路运行维护单位，一般分为线路运行和线路检修两类工作。

1.2.1　配电线路运行

线路运行工作必须贯彻"安全第一、预防为主"的方针。

线路运行，是指线路运行维护单位根据《10kV 及以下架空配电线路设计技术规程》（DL/T 5220—2005）、《电气装置安装工程　35kV 及以下架空电力线路施工及验收规范》（GB 50173—1992）、《架空配电线路及设备运行规程》（SD 292—1988）、《配电网运行规程》（Q/GDW 519—2010）、《国家电网电力安全工作规程（线路部分）》等规程、规范和标准的要求，对线路实施巡视和监测，以期发现和掌握线路的缺陷状态，是做好线路检修工作的基础。

线路巡视，是指由巡视人（巡线员）定期或不定期对线路进行巡视，以便及时发现线路设备缺陷和沿线情况，掌握线路的运行状态。线路巡视的种类包括定期巡视，故障巡视，特殊巡视，夜间、交叉和诊断性巡视，监察巡视等。线路设备缺陷，可分为配电线路缺陷、配电设备缺陷和外部隐患三大类，按其严重程度又分为紧急缺陷、重大缺陷和一般缺陷三个级别。

线路及设备监测，是指使用专门监测设备对金具、绝缘子、导地线、配电变压器、熔断器、避雷器、断路器和隔离开关等进行监测，以便发现日常巡视工作中不易发现的隐患，并及时消除。常见的架空配电线路监测项目包括：架空配电线路外观检查、运行情况检查和接地电阻测量，配电设备（配电变压器、柱上断路器和负荷开关，电容器、隔离开关和熔断器、防雷接地装置）外观检查、接地电阻测量和绝缘电阻测量等。

1.2.2　配电线路检修

线路检修工作应坚持"应修必修、修必修好"的原则。

线路检修，主要指线路运行维护单位根据线路设备的健康状况、巡视和监测的结果、检修周期和反事故措施的要求，在每年7月份前编制下一年度的检修计划，并报上级生产管理部门，再根据上级审批下达的年度检修计划，编制季度、月检修计划，严格按计划执行的旨在消缺、改善线路电气和机械性能的线路检修作业。

根据不同的检修作业内容，线路检修分为状态检修、重大检修和大型技改，以及在线路事故和突发事件情况下的事故抢修。

1. 状态检修

状态检修是随着电力系统自动化水平以及对供电可靠性要求的提高而提出的一种检修策略，是通过对线路及设备的测试、分析和判断，发现线路和设备运行异常及缺陷，将部分事故转为预见性检修，从而实现线路和设备分析。状态检修绝不是"不坏不修"，因此要充分利用各种监测手段，正确分析判断设备状态，恰当安排检修时间，同时要不断地推广和应用带电测试和在线监测技术，加强对线路及设备的监督。

2. 重大检修和大型技改

重大检修是为了提高设备正常运行水平，恢复配电线路及附属设备至原设计的电气性能或机械性能而进行的全面检查、维护、消缺等综合检修工作。设备大修项目应按规定周期和预定的项目、标准进行。如更换或补修导线，更换绝缘子，调整导线弧垂，对铁塔、横担刷漆，处理不合格的交叉跨越，配电变压器及附件检修等。

大型技改，是指提高线路安全运行性能、提高线路输送分配容量、改善劳动条件，而对配电线路及设备进行改进或拆除的检修工作。如更换为大截面导线、增架避雷线、增加绝缘子片数、更换为防污绝缘子、改装接地装置、直线杆换耐张杆、配电设备更新换代等工作。

重大检修一般为处理缺陷，而不改变原来设备规格、增加新设备；而大型技改不限于处理缺陷，一般都要改变某些设备的规格或者增加新设备。

3. 事故抢修

事故是指由于自然灾害（如地震、洪水、冰雹、暴风）以及外力破坏，所造成的配电线路倒杆、杆塔倾斜、断线、金具或绝缘子脱落、配电变压器故障、断路器或负荷开关故障、隔离开关和熔断器损坏、避雷设备及接地装置故障而造成线路突发性停电事故。运行维护单位应建立健全事故、突发事件的抢修机制、应急机制，以保证线路事故、突发事件出现时能快速组织抢修与处理。抢修机制包括指挥系统及人员组成，通信工具和联系方式，作业机具、车辆、抢修材料的准备等。线路事故、突发事件用抢修工器具和照明设施及通信工具应设专人保管、维护，并定期进行检查，使之经常处于完好的可用状态。运行维护单位应结合实际制订典型事故抢修预案，预案的确立应经本单位生产主管部门审核批准。典型事故抢修预案一经批准，应尽快贯彻落实到每个抢修人员，使其能熟悉抢修过程及所担负的岗位职责。因事故抢修时间紧迫，若来不及设计，可在抢修完成后，补画有关改建工程的图纸，交运行人员存档。事故抢修的目的是尽快恢复送电，事故抢修质量要符合标准，在保证人身和设备安全的前提下，在特殊情况下可适当降低抢修施工标准，将遗留的问题待计划停电时予以解决。

1.3 配电线路检修内容

1.3.1 电杆检修
（1）电杆倾斜扶正，电杆基础的填土夯实；
（2）修补或更换有裂纹、露筋的水泥电杆；
（3）紧固电杆各部分连接螺母；
（4）更换对地对交叉跨越安全距离不足的电杆。

1.3.2 导线检修
（1）调整导线弧垂，调整交叉跨越距离；
（2）修补或更换损伤导线；
（3）根据负荷增长情况，更换某些线段或支线的导线；
（4）处理接触不良的导线接头和松弛、脱落导线。

1.3.3 绝缘子、金具检修
（1）清扫所有绝缘子，更换劣质绝缘子或瓷横担；
（2）更换损坏或锈蚀严重的金具和接头个别零件。

1.3.4 配电设备检修
（1）配电变压器故障检修；
（2）熔断器和隔离开关故障检修；
（3）断路器检修；
（4）环网柜及分支箱检修；
（5）避雷器及接地装置检修。

2 安 全 作 业

2.1 高 处 作 业

2.1.1 高处作业相关基本概念

凡在坠落高度基准面 2m 及以上的高处进行的作业，都应视作高处作业。

高处作业的种类分为一般高处作业和特殊高处作业两种。

特殊高处作业包括以下几个类别：

（1）在阵风风力 6 级（风速 10.8m/s）以上的情况下进行的高处作业，称为强风高处作业；

（2）在高温或低温环境下进行的高处作业，称为异温高处作业；

（3）降雪时进行的高处作业，称为雪天高处作业；

（4）降雨时进行的高处作业，称为雨天高处作业；

（5）室外完全采用人工照明时进行的高处作业，称为夜间高处作业；

（6）在接近或接触带电体条件下进行的高处作业，统称为带电高处作业；

（7）在无立足点或无牢靠立足点的条件下进行的高处作业，统称为悬空高处作业；

（8）对突然发生的各种灾害事故进行抢救的高处作业，称为抢救高处作业。

一般高处作业系指除特殊高处作业以外的高处作业。

2.1.2 高处作业分级

（1）高处作业高度在 2~5m 时，称为一级高处作业，其可能坠落的半径为 2m。

（2）高处作业高度在 5m 以上至 15m 时，称为二级高处作业，其可能坠落的半径为 3m。

（3）高处作业高度在 15m 以上至 30m 时，称为三级高处作业，其可能坠落的半径为 4m。

（4）高处作业高度在 30m 以上时，称为特级高处作业，其可能坠落的半径为 5m。

2.2 不停电作业与停电作业

2.2.1 临近带电导线工作的安全距离

1. 在带电线路杆塔上工作

在带电杆塔上进行测量、防腐、巡视检查、紧杆塔螺栓、清除杆塔上异物等工作，作业人员活动范围及其所携带的工具、材料等，与带电导线的最小距离不准小于表 1-2-1 的所列的安全距离。如不能保持表 1-2-1 中的距离时，应按照带电作业工作或停电进行。

表 1-2-1　　　　　　　　在带电线路杆塔上工作与带电导线最小安全距离

	电压等级（kV）	安全距离（m）	电压等级（kV）	安全距离（m）
交流线路	10 及以下	0.7	330	4.0
	20、35	1.0	500	5.0
	63（66）、110	1.5	750	8.0
	220	3.0	1000	9.5
直流线路	±50	1.5	±660	9.0
	±500	6.8	±800	10.1

2. 临近或交叉其他电力线路的工作

停电检修的线路如与另一回带电线路相交叉或接近时，与该带电线路的距离应不小于表 1-2-2 中的所列的安全距离。如果停电检修的线路与另一回带电线路的距离小于表 1-2-2 中规定的安全距离，则另一回线路也应停电和接地。如果该线路不能停电，则应采取有效的安全措施。此外还应采取措施防止损伤另一回线路。

表 1-2-2　　　　　　　　临近或交叉其他电力线工作的安全距离

	电压等级（kV）	安全距离（m）	电压等级（kV）	安全距离（m）
交流线路	10 及以下	1.0	330	5.0
	20、35	2.5	500	6.0
	63（66）、110	3.0	750	9.0
	220	4.0	1000	10.5
直流线路	±50	3.0	±660	10.0
	±500	7.8	±800	11.1

2.2.2　不停电跨越作业

（1）不停电跨越 330kV 及以下高压线路，必须编制施工方案报上级批准，并征得运行单位同意，按规定履行手续。施工期间应请运行单位派人到现场监督安全施工。

（2）起重工具和临时地锚应根据其重要程度将安全系数提高 20%～40%。

（3）遇浓雾、雨、雪以及风力在 5 级以上天气时应停止作业。

（4）跨越架的宽度应超出新建线路两边线各 2m。跨越电气化铁路和 35kV 及以上电力线的跨越架，应使用绝缘尼龙绳（网）封顶。

（5）不停电跨越作业安全要求如下：

1）不停电跨越 330kV 及以下高压线路时，必须编制安全施工方案报上级批准，征得运行单位同意，设专人进行监护施工；

2）临近带电体作业时，上下传递物件必须用绝缘绳索，严禁抛扔和其他绳索代替；

3）越线架的搭设和拆除，应注意与带电体之间的最小安全距离，在搭设越线架时还应考虑施工期间的最大风偏；

4）跨越电气化铁路时，越线架与带电体的最小安全距离按 35kV 考虑；

5) 跨越电气化铁路时，作业人员不得从越线架内侧攀登和作业，严禁从封顶架杆上通过；

6) 导地线通过时用绝缘绳作引绳，牵引过程中严禁架上有人；

7) 导地线头过架子时，必须由技工操作并拴牢，过架子时必须有专人监护。

2.2.3　停电作业

（1）临近高压电力线作业时，必须按安全技术规定装设可靠的接地装置。

（2）装设接地装置应遵守下列规定：

1) 各种设备及作业人员的保安接地线的截面积均不得少于 $16mm^2$，停电线路的工作接地线的截面积不得小于 $25mm^2$；

2) 接地线应采用编织软铜线，不得使用其他导线；

3) 接地线不得用缠绕法连接，应使用专用夹具，连接应可靠；

4) 接地棒宜镀锌，截面积不应小于 $16mm^2$，插入地下的深度大于 0.6m；

5) 装设接地线时，必须先接接地端，后接导线端或地线端，拆除时顺序相反；

6) 挂接地线或拆接地线时必须设监护人，操作人员应使用绝缘棒（绳）、戴绝缘手套、穿绝缘鞋。

（3）停电作业前，施工单位应向运行单位提出停电申请，并办理工作票。

（4）在未接到停电工作命令前，严禁任何人接近带电体。

（5）在接到停电工作命令后，必须首先进行验电，验电必须设专人监护。同杆塔设有多层电力线时，应先验低压、后验高压，先验下层、后验上层。

（6）验证线路确无电压后，必须立即在作业范围的两端挂工作接地线，同时将三相短路。凡有可能送电到停电线路的分支线也必须挂工作接地线。同一杆塔设有多层电力线时，应先挂低压、后挂高压，先挂下层、后挂上层。

（7）工作间断或过夜时，施工段内的全部工作接地线必须保留。恢复作业前，必须检查接地线是否完整、可靠。

（8）停电作业安全要求：

1) 停电作业前施工单位要办好工作票，在停电之前严禁操作；

2) 停、送电工作必须设专人负责，严禁采用口头或约时停、送电方式进行；

3) 接到停电工作命令后，必须按验电顺序先验电、后接地，并设专人监护，方可施工；

4) 施工结束后，现场作业负责人必须对现场进行全面检查，确认无误后下令拆除接地线。

2.3　外　伤　急　救

2.3.1　外伤急救的基本要求

实施现场外伤急救时，现场人员在迅速通知医疗救护机构的同时，要沉着、迅速地开展急救工作。外伤现场急救的基本原则是：先抢后救、先重后轻、先急后缓、先近后远、先止血后包扎、先固定后搬运。

2.3.2　外伤急救的 4 项技术

1. 止血

常用的止血方法有 5 种，使用时要根据具体情况，可选用一种，也可以把几种止血法结合一起应用，以达到最快、最有效、最安全止血的目的。

（1）指压动脉止血法。用手指（拇指）或手掌压住出血血管（动脉）的近心端，使血管被压在附近的骨块上，从而中断血流，能有效达到快速止血的目的。操作时要注意：①准确掌握动脉压迫点；②压迫力度要适中，以伤口不出血为准；③压迫 10～15min，此法只能在短时间内达到控制出血的目的，不宜久用；④保持伤处肢体抬高。

（2）直接压迫止血法。这种方法适用于较小伤口的出血，用无菌纱布直接压迫伤口处，压迫约 10min。

（3）加压包扎止血法。这种方法适用于各种伤口，是一种比较可靠的非手术止血法。操作时先用无菌纱布覆盖压迫伤口，再用三角巾或绷带用力包扎，包扎范围应该比伤口稍大。在现场没有无菌纱布时，可使用消毒卫生巾、餐巾等替代。

（4）填塞止血法。这种方法适用于颈部和臀部较大而深的伤口。先用镊子夹住无菌纱布塞入伤口内，如一块纱布止不住出血，可再加纱布，最后用绷带或三角巾绕颈部至对侧臂根部包扎固定。

（5）止血带止血法。止血带止血法只适用于四肢大出血，当其他止血法不能止血时才用此法。止血带有橡皮止血带（橡皮条和橡皮带）、气性止血带（如血压计袖带）和布制止血带。在现场没有止血带时，可用弹性较好的布带等代替。操作时应先用数层柔软布片或伤员的衣袖等垫在止血带下面，以刚使肢端动脉搏动消失为度。上肢每 60min、下肢每 80min 放松一次，每次放松 1～2min。开始扎紧与每次放松的时间均应书面标明在止血带旁。扎紧时间不宜超过 4h。不要在上臂中 1/3 处和腋窝下使用止血带，以免损伤神经。若放松时观察已无大出血可暂停使用。严禁使用电线、铁丝、细绳等作止血带。

高处坠落、撞击、挤压可能造成伤员腹腔内脏破裂导致内出血。若伤员外观无伤，但呈面色苍白、脉搏细弱、气促、冷汗淋漓、四肢厥冷、烦躁不安，甚至神志不清等休克状态，此时应迅速让伤员躺平，抬高下肢，保持温暖，送至医院救治。若送医院途中时间较长，可给伤员饮用少量糖盐水。

2. 包扎

伤口包扎时应做到动作轻巧，不要碰撞伤口，以免增加出血量和疼痛。接触伤口面的敷料必须保持无菌，以免增加伤口感染的机会。包扎要快且牢靠，松紧度要适宜，打结避开伤口和不宜压迫的部位。

常用的包扎用品有创可贴、尼龙网套、绷带、三角巾等。在现场没有以上用品时，也可用就地取材，用衣服、毛巾等作为包扎材料。

绷带的几种包扎方法如图 1-2-1 所示。

3. 固定

（1）实施骨折固定先要注意伤员的全身状况，如心脏停搏要先复苏处理，如有休克要先抗休克或同时处理休克，如有大出血要先止血包扎，然后固定。

（2）固定的目的不是让骨头复位，而是防止骨折断端的移动，所以刺出伤口的骨折端不应该送回。

（3）固定器材的选择。最好用夹板固定，如无夹板可就地取材。在山区可用木棍、树枝，在工厂可用纸板或机器的杆柄，在战地可用枪支。实在找不到固定器材，可利用自身固定，如上肢可固定在躯体上，下肢可利用对侧固定。手指可与邻指固定。

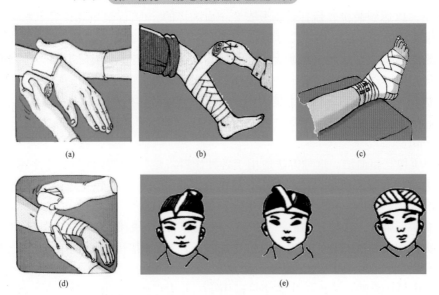

图 1-2-1　绷带的几种包扎方法

（a）环形包扎法；（b）螺旋反折包扎法；（c）8 字形包扎法；（d）螺旋包扎法；（e）回返包扎法

（4）常见不同部位骨折的临时固定方法。

1）肩部骨折：可将上臂固定于胸侧，前臂用颈腕带悬吊。

2）上臂骨折：上臂骨折可用前后夹板固定，屈肘悬吊前臂于胸前。如无夹板，也可屈肘将上臂固定于胸部。

3）前臂及腕部骨折：前臂及腕部背侧放一夹板，用绷带或布带缠绕固定，并屈肘、悬吊前臂于胸前。

4）髋部及大腿骨折：夹板放在上肢外伤处，上自腋下，下至踝上，用绷带缠绕固定，也可用两侧并拢中间放衬垫，用布带捆扎固定。

5）小腿骨折：内外侧放夹板，上端超过膝关节，下端到足跟，再缠绕固定。

6）躯干部骨折：伤员应平卧于硬板上，最好采取仰卧位，两侧放沙垫等物防止滚动。

（5）固定时动作要轻巧，固定要牢靠，松紧要适度，皮肤与夹板之间要垫适量的软物，尤其是夹板两端骨突出处和空隙部位，以防局部受压引起缺血坏死。

4．搬运

（1）搬运伤员时应使伤员平躺在担架上，腰部束在担架上，防止跌下。搬运过程中要动作轻稳、协调一致。平地搬运时伤员头部在后，上楼、下楼、下坡时头部在上。

（2）要注意不同伤情采取不同搬运方式。

1）单纯的颜面骨折、上肢骨折，在做好临时固定后可搀扶伤员离开现场。

2）膝关节以下的下肢骨折，可背运伤员离开现场。

3）颈椎骨折，一人双手托住枕部、下颌部，维持颈部伤后位置，另两人分别托起腰背部、臀部及下肢。

4）胸腰椎骨折，一人托住头颈部，另两人分别于同侧托住胸腰段及臀部，另一人托住双下肢，维持脊柱伤后位置。

5）髋部及大腿骨折，一人双手托住腰及臀部，伤员用双臂抱住救护者的肩背部，另一人双手托住伤员的双下肢。

（3）用车搬运时，伤员在车上宜平卧，一般情况下，禁用头低位，以免加重脑出血、脑水肿。如遇昏迷病人，应将其头偏向一侧，以免呕吐物吸入气管，发生窒息。头部应与车辆行进的方向相反，以免晕厥，加重病情。

（4）搬运过程中要严密观察伤员伤情，防止伤情突变。

（5）先固定、止血，再搬运。

2.4 安全文明生产

2.4.1 电力安全文明生产的基本概念

1. 电力安全生产的含义

（1）确保人身安全，杜绝人身伤亡事故；

（2）确保设备安全，保证设备正常可靠运行；

（3）确保电网安全，消灭电网瓦解和大面积停电事故。

这三方面是电力企业安全生产的有机组成部分，缺一不可。

2. 电力生产建设的基本方针

电力生产建设的基本方针是"安全第一，预防为主"。二者是一个有机的整体，不可偏废。安全第一要坚持以预防为主，对安全生产要有居安思危的忧患意识，决不能麻痹大意。安全工作要警钟长鸣，防患于未然。要从电网的技术管理、规程制度、职工思想行为的规范和职业道德建设等方面着手，采取一系列措施，加强和改进安全管理工作，努力提高电力生产安全水平。

3. 电力文明生产

文明生产就是创造一个布局合理、整洁优美的生产和工作环境，人人养成遵守纪律和严格执行操作规程的习惯。文明生产是保证安全生产的必要条件。文明生产在一定程度上反映了企业的经营管理水平、职工的技术素质和精神面貌。配电线路检修人员在实际工作中，要做到严格遵守文明生产的要求，遵守工艺操作规程。

2.4.2 配电线路检修人员的安全知识

1. 触电事故

（1）触电对人体的危害主要有电击和电伤两种。

电击是指电流通过人体内部，影响呼吸、心脏和神经系统，造成人体内部组织的损坏乃至死亡。它对人体的伤害是体内的、致命的。它对人体的伤害程度与通过人体的电流大小、通电时间、电流途径及电流性质有关。

电伤是指由于电流的热效应、化学效应或机械效应对人体所造成的危害，包括烧伤、电烙伤、皮肤金属化等。它对人体的危害一般是体表的、非致命的。

（2）触电事故的应急处置基本原则。触电急救必须分秒必争，立即就地迅速用心肺复苏法进行急救，并不断地坚持进行。同时及早地与当地医疗部门联系，争取医务人员迅速及时赶往发生地，接替救治工作。在医务人员接替救治前，现场救治人员不应放弃现场抢救，更不能只根据没有呼吸或脉搏停止擅自判断伤员死亡，放弃抢救。

2. 高处坠物

（1）高处坠物的起因。作业时有物件从铁塔、电杆等高处坠落，下层人员、设备受到高处坠落物件高速的冲击力，引起人身伤害或者设备损坏。造成高处坠物事故的主要原因有：高处作业人员疏忽大意，造成高处坠物件；工作负责人监护不到位，作业点正下方有人工作，造成高处坠物件击中下方人员；作业人员不戴安全帽或安全帽带子未扣牢，高处坠物击中头部使头部受打击加重伤害，造成死亡；没设置安全围栏，未将作业区域隔离，造成高处坠物伤人；作业人员自我保护意识差，造成高处落事故等。

（2）高处坠物伤人应急处置基本原则。作业现场一旦发生高处坠物事故，现场应立即组织抢救伤员，及时打120急救电话，并上报上级主管部门，保护好现场。如有轻伤或休克人员，现场应组织临时抢救、包扎止血或做人工呼吸（视情况采用胸外心脏挤压），尽最大努力抢救伤员，将事故影响控制到最小，损失降到最小。

3. 高处坠落

（1）高处坠落的起因。作业人员从铁塔、电杆等高处坠落，人员受到高速的冲击力，使人体组织和器官遭到一定程度破坏，引起人身伤害。造成高处坠落事故的主要原因有：不系扣安全带造成高处坠落；安全带扣环未扣到位或所扣位置不当发生高处坠落；高处作业不戴安全帽或安全帽带子未扣牢，从高处坠落时头部受打击加重伤害，造成死亡；绝缘梯的使用不符合规定，造成高处坠落；绝缘软体坠落，导致高处跌落；触电后引发高处坠落死亡；自我保护意识差，造成高处坠落事故等。

（2）高处坠落应急处置基本原则。作业现场一旦发生高处坠落事故，现场应立即组织抢救伤员，及时打120急救电话，并上报上级主管部门，保护好现场。如有轻伤或休克人员，现场应组织临时抢救、包扎止血或做人工呼吸或胸外心脏挤压，尽最大努力抢救伤员，将事故影响控制到最小，损失降到最小。

3 工器具及其使用

3.1 个人工器具

配电线路检修常用的个人工具有钢丝钳、尖嘴钳、拔销钳、活络扳手、电工刀、榔头和钢锯等。工具的选择、使用和维护是配电线路检修的重要内容。

3.1.1 钢丝钳

1. 基本结构

钢丝钳，俗称卡丝钳、手钳，又称电工钳，是电工使用的基本工具之一。它是钳夹和剪切的工具，其结构如图 1-3-1（a）所示，由钳头和钳柄组成。钳头有四口：钳口、齿口、刀口和铡口。钳头不可作为敲打工具使用，平时应防锈，钳头的轴销上应经常加油润滑，以使操作灵活省力，提高工作效率和保证工作质量。钳柄套有绝缘套管，电工用的钢丝钳必须是完好的，交流耐压不低于 500V，不可勉强使用，以防在工作中钳头触碰到带电部位，致使钳柄带电而造成意外事故。为防止钳柄绝缘套管磨损、碰裂，可以加套适当的电缆护套胶管，加强其绝缘强度。

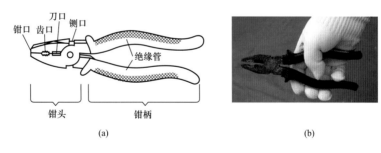

图 1-3-1 钢丝钳的构造与握法
(a) 钢丝钳的构造；(b) 钢丝钳的握法

2. 主要规格

常用的钢丝钳规格有 150、175、200mm 3 种。

3. 使用方法

钢丝钳的握法如图 1-3-1（b）所示。使用钢丝钳，要使钳头的刀口朝内侧，即朝向自己，便于控制钳口部位。用小指伸在两钳柄中间，用以抵住钳柄，张开钳头。另外，在使用中还需注意切勿用刀口去钳断钢丝，以免刀口损伤。

钢丝钳的功能有：

(1) 用钳口或齿口弯铰导线，如图 1-3-2（a）所示。

(2) 用刀口切断导线，如图 1-3-2（b）所示。

(3) 用铡口来铡切钢丝或铅丝（铁线），如图 1-3-2（c）所示。

（4）在扳手旋展不开的场合用钳口或齿口来扳旋小螺母，如图1-3-2（d）所示。

（5）铜、铝芯多股导线与设备的针孔式接线桩头连接时，用钳口或齿口把削去绝缘层的线头再绞紧些，如图1-3-2（e）所示。

（6）代替剥线钳剥去塑料线的绝缘层，如图1-3-2（f）所示。根据线头所需长度，用钳头刀口轻切塑料层，但刀口不能钳到芯线，以免损伤芯线而使导线在继续施工中折断。然后右手握住钳头部用力向外勒去塑料层。与此同时，左手把紧导线反向用力配合动作。遇到导线截面较大时，双手的力量不足时，可借助脚的力量，操作手法近似于图1-3-2（b）所示，但刀口不能钳到芯线。即左脚略抬起内侧，脚一压住钳头齿口部，握导线的左手用力拉拽，被剥制的导线头便成了。

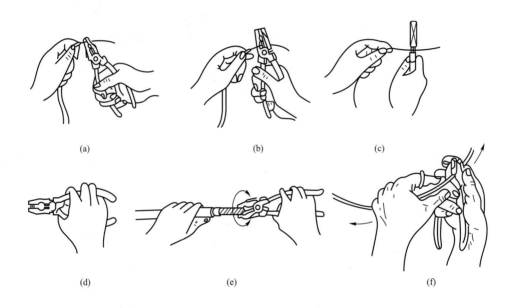

（a）　　　　　　　　　　　　（b）　　　　　　　　　　　　（c）

（d）　　　　　　　　　　　　（e）　　　　　　　　　　　　（f）

图1-3-2　钢丝钳功能示意图

（a）钳口弯铰导线；（b）刀口切断导线；（c）侧口切钢丝或铅丝；
（d）齿口扳旋螺母；（e）钳、齿口绞紧多股线；（f）钳剥塑料线

（7）钢丝钳的刀口可以用来拔起铁钉，钳头可用来削平配线钢管管口的毛刺等。

3.1.2　尖嘴钳

1．基本结构

尖嘴钳见图1-3-3与钢丝钳相似，由钳头和套有绝缘套管的钳柄组成。它是电工常用的钳夹和剪切工具。

图1-3-3　尖嘴钳示例图

2．使用方法

尖嘴钳的正确握法、切割导线方法与钢丝钳一样。尖嘴钳一般用来夹持小螺母、小零件，在弱电元器件电路焊接的时候夹住元件引线（如图1-3-4所示），以防烫坏元件等。尖嘴钳小，不能用很大的力气，不要钳很大的东西，以防钳嘴折断。

在日常电气维修中，常会遇到电气接线螺桩（即接

线螺钉，多数为 M12～M16）烧毛，尤其是电焊机焊接螺桩、电焊控制柜进线或出线螺桩，造成螺母难以拧紧，导线不好紧固。这时，需要卸下接线螺桩重新套丝。具体方法是：将圆扳牙绞手取出，直接把圆扳牙套在烧毛的螺桩上，将尖嘴钳钳头钳尖套入切削孔内（如图 1-3-5 所示），用手旋转尖嘴钳手柄来套丝。若太紧，还可借助活络扳卡在尖嘴钳旋转轴上扳。因螺纹烧毛是局部损坏，而且一般通过大电流的螺桩（如电焊机焊接螺桩）是铜质的，材质较软，所以用力不必太大即可完成套丝。

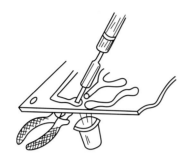

图 1-3-4 尖嘴钳夹住元件引线示意图

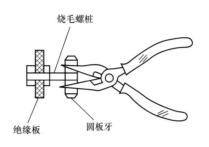

图 1-3-5 尖嘴钳套丝示意图

3.1.3 拔销钳

拔销钳用于摘取绝缘子的弹簧销，有停电和带电之分。停电时使用的多半是用手握式的，有普通型和 Z 型两种。带电有手握式的和绝缘操作杆两大类，手握式的与停电时使用一样，绝缘操作杆有直线拔销钳、耐张拔销钳之分。拔销钳与尖嘴钳外形不同的是，拔销钳的钳口为空心，其目的是能有效、迅速、稳定地摘取弹簧销，如图 1-3-6 所示。

图 1-3-6 拔销钳示例图

3.1.4 活络扳手

1. 基本结构

活络扳手，又叫活格扳头、活扳手。活络扳手是一种旋紧或起松有角螺栓或螺母的工具。它主要由呆扳唇、活络扳唇、蜗轮、轴销、手柄等构成，结构如图 1-3-7（a）所示。转动活络扳手的蜗轮，就可以调节扳口的大小。

2. 主要规格

电工常用的活络扳手有 200、250、300mm（英制为 8in、10in、12in）3 种。使用时要根据螺母的大小，选用适当规格的活络扳手，以免扳手过大而损伤螺母，或螺母过大而损伤扳手。

3. 使用方法

活络扳手一般有两种握法〔见图 1-3-7（b）〕：①扳动大螺母时，手应该握在柄上，手的位置越后，扳动起来就越省力；②扳动小螺母时，由于所需用的力小，并要不断地调节扳口的大小，手应握在近头部的地方，并用大拇指控制好蜗轮，以便随时调节扳口。

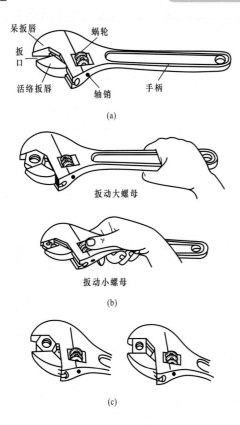

图 1 - 3 - 7　活络扳手结构、握法示意图
(a) 活络扳手的结构；(b) 活络扳手的握法；
(c) 活络扳手的扳口调节

在使用活络扳手时，扳口的调节 [见图 1 - 3 - 7 (c)] 应该适当，不论扳动的螺母大小，务必使扳唇正好夹住螺母，否则扳肘扳口就会打滑。若活络扳手扳口打滑，会损伤螺母、碰伤手指，高处作业时还会因此而闪脱跌伤。

另外，在需要用较大力量场合，活络扳手的活络扳唇部分应放在靠近身体的一边，以保护蜗轮和轴销不受损伤。活络扳手的活络扳唇向外是错误的，即活络扳手不可反过来使用，以免损坏活络板唇，如图 1 - 3 - 8 所示。

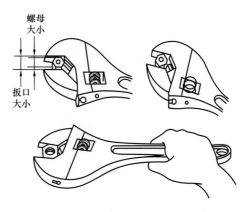

图 1 - 3 - 8　活络扳手错误用法示意图

3.1.5　电工刀

1. 基本结构

电工刀是用来剖削和切割电工器材的常用工具，结构如图 1 - 3 - 9 所示。电工刀常用来

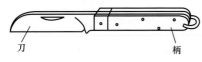

图 1 - 3 - 9　电工刀结构示意图

剖削导线线头，切割木台缺口，削制木榫。使用时，刀口应朝外进行操作；使用完毕，应随即把刀身插入刀柄内。电工刀的刀柄结构是没有绝缘的，不能在带电体上使用电工刀进行操作，以免触电。

2. 使用方法

电工刀的刀口在单面上磨出呈圆弧状的刃口。电工刀的刀口磨制很有讲究。刀刃部分要磨得锋利一些，但不能太尖，太尖容易削伤线芯；磨得太钝，无法剖削。磨制刀刃时底部平磨，而面部要把刀背抬高 5～7mm，使刀倾斜 45°左右，磨好后再把底部磨点倒角。在剖削绝缘导线的绝缘层时，可把刀略微翘起一些，用刀刃的圆角抵住线芯，这样不易损伤线芯。切忌把刀刃垂直对着导线切割绝缘，这样容易割伤芯线，造成下道工序施工时芯线断裂。若所需剖去的绝缘较短，可放在手上剖削；如果所需剖去的绝缘较长，可以放在大腿上剖削。刀刃磨得合适，握法姿势正确，一次能剖削 1m 长的线头，而且剖下的绝缘条中间不断。剖好导线的上边，把线芯剥出，下边再削一刀，但不能垂直削割。

剖削线头，就是做接头前应把导线上绝缘层削去。线头剖削的长度，应根据连接时的需要而定，太长则造成浪费，太短则影响连接质量。用剥线钳剥离导线的绝缘层固然方便，但电工也必须学会用电工刀或钢丝钳来剥离绝缘层。

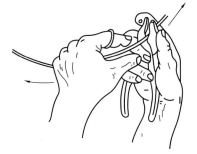

用钢丝钳剥离的方法，适用于线芯截面积为 $2.5mm^2$ 及以下的塑料线，具体操作方法：根据线头所需长度，用钳头刀口轻切塑料层，不可切着线芯，然后右手握住钳头部用力向外勒去塑料层，与此同时，左手把紧导线反向用力配合动作，如图 1 - 3 - 10 所示。此法最适用于塑料软线层的剖削，因塑料软线绝缘层不可用电工刀剥离，刀口易切断线芯。

图 1 - 3 - 10　用钢丝钳剥离绝缘层

对于截面积规格较大的塑料线，可用电工刀来剖削绝缘层，一般采用斜削法，如图 1 - 3 - 11 所示。剖削时，应使电工刀刀口向外，以 45°角倾斜切入塑料层，不可切着线芯。更不可垂直切入，以免损伤芯线。线头剖削的步骤和方法（见图 1 - 3 - 12）：①电工刀以 45°角倾斜切入塑料层；②刀面与线芯保持 15°左右的角度，像削钢笔一样向线端推削；③用力向外削出一条缺口；④把另一部分塑料层剥离线芯，向后扳转翻下；⑤用电工刀切去这部分塑料层；⑥线头的塑料层全部削去，露出芯线。

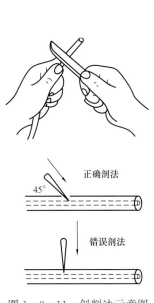

图 1 - 3 - 11　斜削法示意图

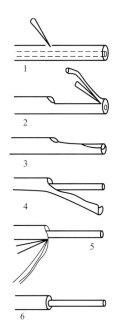

图 1 - 3 - 12　线头剖削的方法

3.1.6　榔头

1. 基本结构

榔头，又叫手锤或锤子，如图 1 - 3 - 13 所示。榔头是一种敲打工具，电工常用的是 0.5kg 或 0.75kg 重的奶子榔头。用榔头敲打物体时，右手应握在木柄的下部，如图 1 - 3 - 14 所示。

图 1-3-13 榔头示例图

图 1-3-14 榔头握法示例图

2. 使用方法

榔头的握法：用大拇指和食指始终握住榔头的木柄，击锤时（榔头冲向錾子等物体），中指、无名指、小指一个接一个地握紧榔头的木柄，挥动榔头时以相反的次序放松，此法使用熟练后比用全手握紧榔头木柄能增加榔头锤击力，参见图 1-3-15 和图 1-3-16。

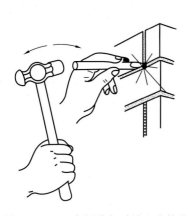

图 1-3-15 挥锤凿打砖墙上木枕孔

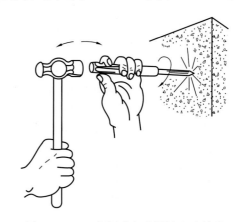

图 1-3-16 挥锤凿打水泥墙上木枕孔

挥锤方法：

（1）手挥：只有手的运动，锤击力最小，此法多用于凿打水泥墙上木枕孔、錾削铁件开始与结尾以及錾油槽等场合。

（2）肘挥：手与肘部一起动作，锤击力大，此法应用最广。

（3）臂挥：手及主臂都一起运动，锤击力最大，此法应用比较少。挥锤速度一般为每分钟 40～50 次左右，榔头冲击时速度应快，以便获得较大的锤击力。榔头离开錾子的速度比较慢些。操作时两足站立，全身自然，便于用力。

3.1.7 钢锯

1. 结构

钢锯，又叫手锯，是一种锯割（用锯条把工件割断叫锯割）工具，主要由锯架（或锯弓）和锯条组成。锯架有固定的和活络的两种，常见的是活络的，可以配用 300mm 或 350mm 长的锯条，如图 1-3-17 所示。当锯割的工件厚度与硬度不同时，应选用不同齿数（单位长度齿数）的锯条，否则锯条就会很快磨损。工件越薄，锯齿应该越小，应保

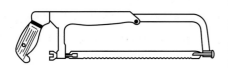

图 1-3-17 钢锯示意图

证有 3 个齿以上能同时锯割，否则，锯齿可能会脱落。另外，工件材料越硬，锯齿应该越小。

2. 使用方法

（1）准备工作。如图 1 - 3 - 18 所示，安装锯条时应该注意：

1）锯齿尖端必须要朝前方，不可向后，否则操作起来就很困难。

2）锯条松紧度要合适，一般用两个手指拧紧蝶形螺母为好，若松了操作时容易折断。

（2）使用方法。

1）锯割木槽板、木枕等小型木材时，只要用左手拿住木材，右手握住锯架手柄，来回推拉钢锯就可以了，不需要其他设备，如图 1 - 3 - 19（a）所示。

2）锯割钢管等金属材料时，要先把金属材料夹在台虎钳上。锯割时，左手把稳锯架头部，右手握住锯柄，使钢锯保持水平，来回推拉钢锯，如

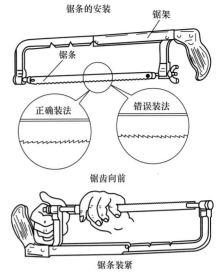

图 1 - 3 - 18　安装锯条示意图

图 1 - 3 - 19（b）所示。应当注意：钢锯往前推时要用力，因推锯前进时发生锯割作用，锯条拉回时不发生锯割作用，所以锯条往后拉时不加压力，且稍抬起，只要乘势收回，不要用过大的力气，否则锯条很容易折断。

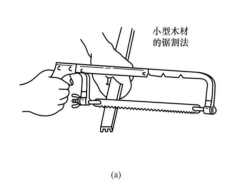

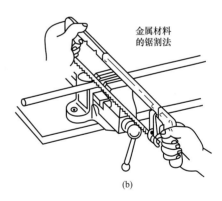

(a)　　　　　　　　　　　　　　(b)

图 1 - 3 - 19　钢锯锯割示意图

（a）锯割木槽板；（b）锯割钢管

3）钢锯锯割时，要使锯条长度的 2/3 以上参与锯割，而不是只用锯条的中间部分来锯割。

4）锯割硬性金属时，速度较慢，压力较大；锯割软性金属时，速度较快，压力较小。当锯割快结束时，应轻缓用锯，并用手扶着被锯断的一段，以免突然断落时伤及锯条和操作人员。

5）在锯割的时候，有时锯条会跑边，不按预定锯缝锯割。这时应将工件反过来锯割。如在原锯缝继续纠正斜切，结果总是导致锯条的折断。锯条跑边的原因是锯条安装的过松或不会使用钢锯。

6）当锯割锯缝很深的工件时，可将锯条横装，锯齿方向依然与锯条前进方向相同。

7) 在锯割窄工件时，以及当工件内夹杂有外来的硬杂质时，锯齿就容易折断。当锯齿只折断一个齿时，就不能用来继续锯割工作，因为相邻近的锯齿会继续折断，而且其他锯齿也会迅速被磨钝。可将该锯条在磨石上或砂轮上磨掉与它相近的两三个锯齿，再把锯缝内的断齿去掉，仍可用修复后的锯条工作。

8) 在锯割管子或棒料的时候，应先用三角锉或锯条锉出浅的锯槽，以免锯割时锯条在工件表面打滑。同时在锯割钢管时，应从几个方向来锯割。在钢管配线施工时，用钢锯切断导线管，最好选用细齿锯条，锯条锯齿宜反装，锯割时要加油。

9) 无论锯割任何工件，当旧的锯条折断换用新锯条时，必须翻转工件，从反方向锯割。因为旧锯条锯缝比新锯条窄，如果仍旧从原缝锯入，就会因摩擦阻力大而折断。如果被锯割工件不可翻转，就必须用新锯条小心翼翼地锯宽原先的锯槽。锯割时，为减少锯条与锯缝的摩擦，可涂油脂来润滑。

(3) 钢锯锯条折断的原因。

1) 锯条松动；

2) 被锯工件抖动；

3) 锯割时压力太大；

4) 锯割时锯条不成直线运动；

5) 锯条咬住；

6) 锯条折断后，新锯条从原缝锯入；

7) 锯条跑边，却还继续锯割；

8) 起锯方向不对，例如从棱角上起锯等。

(4) 注意事项。

1) 锯条安装的松紧度要适宜，且要坚固。安装太松的锯条，锯割时会崩出锯条，这对操作者是很危险的。

2) 切不可使用没有手柄的锯架工作，因为锯架尾的尖端容易戳伤操作者的手心；

3) 锯割沉重的工件时，快断时必须用手扶着被锯割断的部分，或用支架支稳，否则切割下的部分会落下伤及操作者。

3.2 安全工器具

在配电线路检修作业中，作业人员离不开登高安全用具。在带电的电气设备上或临近带电设备的地方工作时，为了防止工作人员触电或被电弧灼伤，需使用绝缘安全用具等。所以，安全用具是防止触电、坠落、电弧灼伤等生产事故，保障工作人员安全的各种专用工具和用具，这些工具是作业中必不可少的。

安全用具可分为绝缘安全用具和一般防护安全用具两大类。绝缘安全用具又分为基本安全用具和辅助安全用具两类。

1. 绝缘安全用具

(1) 基本安全用具：是指那些绝缘强度大、能长时间承受电气设备的工作电压，能直接用来操作带电设备或接触带电体的用具。属于这一类的安全用具有绝缘棒、验电器、绝缘夹钳等。

（2）辅助安全用具：是指那些绝缘强度不足以承受电气设备或线路的工作电压，而只能加强基本安全用具的保安作用，用来防止接触电压、跨步电压、电弧灼伤对操作人员伤害的用具。不能用辅助安全用具直接接触高压电气设备的带电部分。属于这一类的安全用具有绝缘手套、绝缘靴、绝缘垫、绝缘台等。

2. 一般防护安全用具

一般防护安全用具，是指那些本身没有绝缘性能，但可以起到防护工作人员发生事故的用具。这种安全用具主要用于防止检修设备时误送电，防止工作人员走错间隔、误登带电设备，保证人与带电体之间的安全距离，防止电弧灼伤、高空坠落等。这些安全用具尽管不具有绝缘性能，但对于防止工作人员发生伤亡事故是必不可少的。属于这类的安全用具有携带式接地线、个人保安线、防护眼镜、安全帽、安全带、标示牌、临时遮栏等。此外，登高用的梯子、脚扣、升降板等也属于这类安全用具。

3.2.1 基本安全用具

1. 绝缘棒

绝缘棒又称为绝缘杆、操作杆，如图 1-3-20（a）所示。

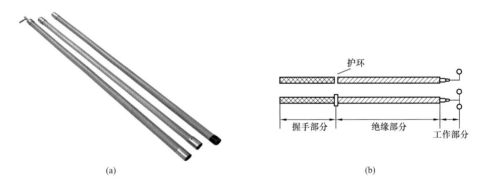

图 1-3-20 绝缘棒实物和结构
（a）实物图；（b）结构图

（1）主要用途。绝缘棒用来接通或断开带电的高压隔离开关、跌落开关，安装和拆除临时接地线以及带电进行测量工作和试验工作。

（2）结构。绝缘棒主要由工作部分、绝缘部分和握手部分构成，结构如图 1-3-20（b）所示。

1）工作部分一般由金属或具有较大机械强度的绝缘材料（如玻璃钢）制成，一般不宜过长。在满足工作需要的情况下，长度不应超过 5~8cm，以免操作时发生相间或接地短路。

2）绝缘部分和握手部分用浸过绝缘漆的木材、硬塑料、胶木等制成，两者之间由护环隔开。绝缘棒的绝缘部分须光洁、无裂纹或硬伤，其长度根据工作需要、电压等级和使用场所而定，如 110kV 以上电气设备使用的绝缘棒，其长度为 2~3m。

3）为了便于携带和保管，往往将绝缘棒分段制作，每段端头有金属螺钉，用以相互镶接，也可以用其他方式连接，使用时将各段接上或拉开即可。

（3）使用和保管注意事项。

1）使用绝缘棒时，工作人员应戴绝缘手套和穿绝缘靴（鞋），以加强绝缘棒保安作用。

2）在雨、雪天气下用绝缘棒操作室外高压设备时，绝缘棒应有防雨罩，以使罩下部分的绝缘棒保持干燥。

3）绝缘棒存放的地方要防止受潮。一般应放在特制的架子上或垂直悬挂在专用挂架上，以防止弯曲变形。

4）绝缘棒不得直接与墙或地面接触，以防止碰伤其绝缘表面。

（4）检查与试验。

1）绝缘棒一般应每 3 个月检查一次，检查时要擦净表面，检查有无裂缝、机械损伤、绝缘层损坏。

2）绝缘棒一般每年必须试验一次，试验项目见有关标准。

2. 绝缘夹钳

（1）主要用途。绝缘夹钳是用来安装和拆卸高压熔断器或进行其他类似工作的工具，主要用于 35kV 及以下电力系统，如图 1-3-21 所示。

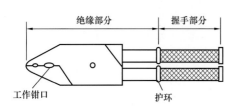

图 1-3-21　绝缘夹钳结构示意图

（2）主要结构。绝缘夹钳由工作钳口、绝缘部分（钳身）和握手部分（钳把）组成。各部分所用的材料与绝缘棒相同，只是它的工作部分是一个强固的夹钳，并有一个或两个管型的钳口，用以夹紧熔断器。

绝缘夹钳绝缘部分和握手部分的最小长度不应小于表 1-3-1 所列数值，主要根据电压和使用场所而定。

表 1-3-1　　　　　　　　　　　　　绝缘夹钳的最小长度

电压（kV）	户内设备用		户外设备用	
	绝缘部分（m）	握手部分（m）	绝缘部分（m）	握手部分（m）
10	0.45	0.15	0.75	0.20
35	0.75	0.20	1.20	0.20

（3）使用和保管注意事项。

1）绝缘夹钳上不允许装接地线，以免在操作时由于接地线在空中游荡而造成接地短路和触电事故。

2）在潮湿天气只能使用专用的防雨绝缘夹钳。

3）作业人员工作时，应戴护目镜、绝缘手套和穿绝缘靴（鞋）或站在绝缘台（垫）上，手握绝缘夹钳要精力集中并保持平衡。

4）绝缘夹钳要保存在专用的箱子或匣子里，以免受潮和磨损。

（4）试验与检查。绝缘夹钳与绝缘棒一样，应每年试验一次，其耐压试验标准见表 1-3-2。

表 1-3-2　　　　　　　　　　　　　绝缘夹钳耐压试验标准

名称	电压等级（kV）	周期	交流耐压（kV）	时间（min）
绝缘夹钳	35 及以下	每年一次	3 倍线电压	5
	110		260	
	220		400	

3. 验电器

验电器又称为测电器、试电器或电压指示器。根据所使用的工作电压，高压验电器一般分为 10、110、220、330、500kV 等多种电压等级的验电器，外形见图 1-3-22。

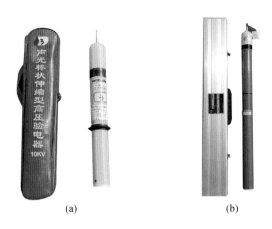

(a)　　　　　　　　　(b)

图 1-3-22　验电器外形

(a) 10kV 验电器；(b) 220kV 高压验电器

(1) 用途。验电器是检验电气设备、导线是否有电的一种专用安全用具。断开电源进行检修时，必须先用它验明设备确实无电后，方可进行工作。

(2) 结构。验电器可分为指示器和支持器两部分，如图 1-3-23 所示。

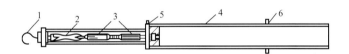

图 1-3-23　验电器结构示意图

1—工作触头；2—氖灯；3—电容器；4—支持器；5—金属接头；6—隔离护环

1) 指示器是用绝缘材料制成的空心管。管的一端装有金属制成的工作触头 1，管内装有一个氖灯 2 和一组电容器 3，在管的另一端装有金属接头 5，用来将管连接在支持器 4 上。

2) 支持器 4 是用胶木或硬橡胶制成的，分为绝缘部分和握手部分（握柄），在两者之间装有一个比握柄直径稍大的隔离护环 6。

(3) 使用和保管注意事项。

1) 必须使用电压和被验设备电压等级一致的合格验电器。验电操作顺序应按照验电"三步骤"进行：在验电前，应将验电器在带电的设备上验电，以验证验电器是否良好；然后再在已停电的设备进出线两侧逐相验电；当验明无电后，再将验电器在带电设备上复核一次，看其是否良好。

2) 验电时，应戴绝缘手套，验电器应逐渐靠近带电部分，直到氖灯发亮为止。验电器不要立即直接触及带电部分。

3) 验电时，验电器不应装接地线，除非在木梯、木杆上验电，不接地不能指示者，才安装接地线。

4）验电器用后应存放在匣内，置于干燥处，避免积灰和受潮。

（4）检查和试验。

1）每次使用前都必须认真检查，主要检查绝缘部分有无污垢、损伤、裂纹，检查指示氖灯是否损坏、失灵。

2）对高压验电器应每半年试验一次，一般验电器分发光电压试验和耐压试验两部分，试验标准见表1－3－3。

表1－3－3　　　　　　　　　　验 电 器 的 试 验 标 准

验电器额定电压（kV）	发光电压试验		耐压试验			
	氖灯起辉电压（kV）	氖灯清晰电压（kV）	接触端和电容器引出端之间		电容器引出端和护环边界之间	
			试验电压（kV）	试验时间（min）	试验电压（kV）	试验时间（min）
10及以下	2.0	2.5	25	1	40	5
35及以下	8.0	10	35	1	105	5

3.2.2　辅助安全用具

1. 绝缘手套

（1）作用。绝缘手套是在高压电气设备上进行操作时使用的辅助安全用具，如操作高压隔离开关、高压跌落式开关、油断路器等。在低压带电设备上工作时，把它作为基本安全用具使用，即使用绝缘手套可直接在低压设备上进行带电作业。绝缘手套可使两手与带电物绝缘，是防止同时触及不同极性带电体而触电的安全用品，实物如图1－3－24所示。

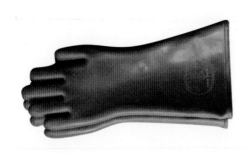

图1－3－24　绝缘手套实物

（2）规格。绝缘手套用特种橡胶制成，按试验电压等级分12kV和15kV 2种，每半年试验一次。

（3）使用及保管注意事项。

1）每次使用前应进行外部检查，查看表面有无损伤、磨损或破漏、划痕等。如有砂眼漏气情况，应严禁使用。

2）使用绝缘手套时，里面最好戴上一双棉纱手套，这样夏天可防止出汗以便于操作，冬天可以保暖。戴绝缘手套时，应将袖口放入手套的伸长部分。

3）绝缘手套使用后应擦净、晒干，最好洒上一层滑石粉，以免粘连。

4）绝缘手套使用后应存放在干燥、阴凉的地方，并倒置放在专用柜中。

2. 绝缘靴（鞋）

（1）作用。绝缘靴（鞋）的作用是使人体与地面绝缘。绝缘靴是高压操作时用来与地面保持绝缘的辅助安全用具，而绝缘鞋用于低压系统中，两者都可作为防护跨步电压的基本安全用具，实物如图 1-3-25 所示。

（2）规格。绝缘靴（鞋）也是由特种橡胶制成的。绝缘靴规格有：37～41 号，靴高（230±10）mm；41～43 号，靴高（250±10）mm。绝缘鞋的规格为 35～45 号。

（3）使用及保管注意事项。

1）绝缘靴（鞋）不得当作雨鞋使用，其他非绝缘鞋不能代替绝缘靴（鞋）使用。

图 1-3-25　绝缘靴（鞋）示例图

2）为使用方便，一般现场至少配备大、中号绝缘靴（鞋）各两双，以便操作人员都能使用。

3）绝缘靴（鞋）如试验不合格，则不能再使用。

4）绝缘靴（鞋）每次使用前必须进行外部检查，查看表面情况，如有砂眼漏气，应严禁使用。

5）绝缘靴（鞋）应存放在干燥、阴凉的地方，并放在专用柜中，与其他工具分开放置，其上不得堆压任何物件。

（4）试验标准。绝缘靴（鞋）试验周期为半年，为耐压试验。

3. 绝缘垫

（1）作用。绝缘垫有时也称绝缘毯，其作用与绝缘靴（鞋）基本相同，因此可把它视为是一种固定的绝缘靴（鞋）。绝缘垫一般铺在配电装置室等地面上以及控制屏、保护屏和发电机、调相机的励磁机等端处，以便带电操作开关时，增强操作人员的对地绝缘，避免或减轻发生单相短路或电气设备绝缘损坏时接触电压与跨步电压对人体的伤害。在低压配电室地面上铺绝缘垫，可代替绝缘鞋，起到绝缘作用。在 1kV 及以下时，绝缘垫可作为基本安全用具；而在 1kV 以上时，仅为辅助安全用具。绝缘垫实物见图 1-3-26。

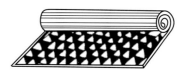

图 1-3-26　绝缘垫实物

（2）规格。绝缘垫是由特种橡胶制成的，表面有防滑条纹或压花。绝缘垫的厚度有 4、6、8、10、12mm 5 种，宽度常为 1m，长度为 5m，其最小尺寸不宜小于 0.75m×0.75m。

（3）使用及保管注意事项。

1）在使用过程中，应保持绝缘垫干燥、清洁，注意防止与酸、碱及各种油类物质接触，以免受腐蚀后老化、龟裂或变黏，降低其绝缘性能。

2）绝缘垫应避免阳光直射或锐利金属划刺，存放时应避免与热源（暖气等）距离太近，以防急剧老化变质，绝缘性能下降。

3）使用过程中要经常检查绝缘垫有无裂纹、划痕等，发现有问题时要立即禁用并及时更换。

（4）试验及标准。绝缘垫每 2 年应试验一次。

1）试验标准。在 1kV 及以上场所使用的绝缘垫，其试验电压不低于 15kV。试验电压依其厚度的增加而增加。使用在 1kV 以下场合的，其试验电压为 5kV。试验时间都为 2min。

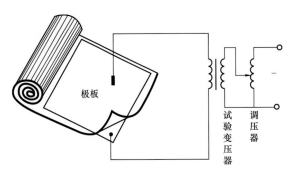

图 1-3-27 绝缘垫的试验接线

2）试验接线及方法。绝缘垫试验接线如图 1-3-27 所示。试验时使用两块平面电极板，电极距离可以调整，以调到与试验品能接触为止。把一整块绝缘垫划分成若干等分，试了一块再试相邻的一块，直到所划等分全部试完为止。试验时先将要试验的绝缘垫上下铺上湿布，布的大小与极板的大小相同，再在湿布上下面铺好极板，中间不应有空隙，然后加压试验，极板的宽度应比绝缘垫宽度小 10～15cm。

3.2.3 防护安全用具

为了保证电力工人在生产中的安全和健康，除在作业中使用基本安全用具和辅助安全用具外，还应使用必要的防护安全用具，如安全带、安全帽、安全绳、护目镜等，这些防护用具的作用是其他安全用具不能代替的。

1. 安全带

（1）作用。安全带是高处作业人员预防坠落的防护用品。在架空输配电线路杆塔上进行施工安装、检修作业时，为防止作业人员从高空摔跌，必须使用安全带。安全带实物如图 1-3-28 所示。

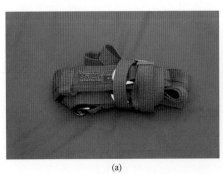　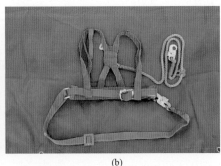

(a)　(b)

图 1-3-28 安全带实物
(a) 普通安全带；(b) 三点式安全带

（2）材料。安全带和绳用锦纶、维尼纶、蚕丝等材料制作。因蚕丝原料少、成本高，目前多以锦纶为主要材料。

（3）使用和保管注意事项。

1）安全带使用前，必须进行一次外观检查，如发现破损、变质及金属配件有断裂者，应禁止使用。平时不用时，也应一个月进行一次外观检查。

2）安全带应高挂低用或水平拴挂。高挂低用就是将安全带的绳挂在高处，人在下面工作；水平拴挂就是使用单腰带时，将安全带系在腰部，绳的挂钩挂在与带同一水平的位置，人与挂钩保持差不多等于绳长的距离。切忌低挂高用，并应将活梁卡子系紧。

3）安全带使用和存放时，应避免接触高温、明火和酸类物质，以及有锐角的坚硬物体和化学药物。

4）安全带可放入低温水中，用肥皂轻轻擦洗，再用清水漂干净，然后晾干，不允许浸入热水中、在日光下曝晒或用火烤。

5）安全带上的各种部件不得任意拆掉，更换新绳时要注意加绳套，带子使用期为3～5年，发现异常应提前报废。

（4）试验及标准。安全带的试验周期为半年，试验标准见表1-3-4。

表1-3-4　　　　　　　　　　　　安全带试验标准

名　　　称		试验静拉力（N）	试验周期	外表检查周期	试验时间（min）
安全带	大皮带	2205	半年一次	每月一次	5
	小皮带	1470			

2. 安全帽

（1）作用。安全帽是用来保护使用者头部或减缓外来物体冲击伤害的个人防护用品，广泛应用于电力系统生产、基建、修造等工作场所，防止从高处坠落物体（器材、工具等）对人体头部造成伤害。在架空线路安装及检修时，为防止杆塔上的人员和工具器材、构架相互碰撞而使头部受伤，或杆塔上工作人员失落的工具和器件击伤地面人员，高处作业人员及地面配合人员都应佩戴安全帽。安全帽实物见图1-3-29。

图1-3-29　安全帽实物

（2）保护原理。安全帽对头颈部的保护基于两个原理：

1）使冲击载荷传递分布在头盖骨的整个面积上，避免打击一点。

2）头与帽顶空间位置构成一个能量吸收系统，起到缓冲作用，因此可减轻或避免伤害。

（3）结构。普通型安全帽主要由以下几部分构成：

1）帽壳：安全帽的外壳，包括帽舌、帽檐。帽舌位于眼睛上部的帽壳伸出部分；帽檐是指帽壳周围伸出的部分。

2）帽衬：帽壳内部部件的总称，由帽箍、顶衬、后箍等组成。帽箍为围绕头围部分的固定衬带；顶衬为与头顶部接触的衬带；后箍为箍紧于后枕骨部分的衬带。

3）下颏带：为戴稳帽子而系在下颏上的带子。

4）吸汗带：包裹在帽箍外面的吸汗材料。

5）通气孔：使帽内空气流通而在帽壳两侧设置的小孔。

帽壳和帽衬之间有2～5cm的空间，帽壳呈圆弧形，如图1-3-30所示。帽衬做成单层的和双层的两种，双层的更安全。安全帽的质量一般不超过400g。帽壳用玻璃钢、高密度低压聚乙烯（塑料）制作，颜色一般以浅色或醒目的蓝色、白色和浅黄色为多。

图 1-3-30 安全帽的内部结构

（4）技术性能。

1）冲击吸收性能。试验前按要求处理安全帽。用 5kg 重的钢锭自 1m 高度落下，打击木质头模（代替人头）上的安全帽，进行冲击吸收试验，头模所受冲击力的最大值不应超过 4.9kN。冲击吸收试验的目的是观察帽壳和帽衬受冲击力后的变形情况。

2）耐穿透性能。用 3kg 重的钢锭自 1m 高处落下，进行耐穿透试验，钢锭不与头模接触为合格。

3）电绝缘性能。用交流 1.2kV 试验 1min，泄漏电流不应超过 1mA。

此外，还有耐低温、耐燃烧、侧向刚性等性能要求。穿透试验是用来测定帽壳强度，以了解各类尖物扎入帽内时是否对人体头部有伤害。

安全帽的使用期限视使用状况而定。若使用、保管良好，可使用 5 年以上。

3. 携带型短路接地线

（1）作用。当对高压设备进行停电检修或进行其他工作时，接地线可防止设备突然来电和邻近高压带电设备产生感应电压对人体的危害，还可用以放尽断电设备的剩余电荷。接地线实物外形如图 1-3-31 所示。

图 1-3-31 接地线实物

（2）组成。携带型接地线由以下几部分组成：

1）专用接地棒。埋入地下深度不小于 0.6m。接地棒上有专用连接点与多股软铜线相连。接触面应满足要求。

2）多股软铜线。其中相同的 3 根短软铜线用于接三根相线，它们的另一端短接在一起；用一根长的软铜线连接接地棒。多股软铜线的截面应符合短路电流的要求，即在短路电流通过时，铜线不会因产生高热而熔断，且应保持足够的机械强度，截面积不得小于 25mm^2。

（3）装拆顺序。装设接地线必须先接接地端，后接导体端，且必须接触良好。拆接地线的顺序与此相反。

（4）使用和保管注意事项。

1）使用时，接地线的连接器（线卡或线夹）装上后接触应良好，并有足够的夹持力，以防短路电流幅值较大时，由于接触不良而熔断或因电动力的作用而脱落。

2）应检查接地铜线和 3 根短接铜线的连接是否牢固，一般应由螺钉拴紧后，再加焊锡焊牢，以防因接触不良而熔断。

3）装设接地线必须由两人进行，装、拆接地线均应使用绝缘棒和戴绝缘手套。

4）接地线装设以前应详细检查，损坏的接地线应及时修理或更换，禁止使用不符合规定的导线制作接地线或短路线。

5）接地线必须使用专用线夹固定在导线上，严禁用缠绕的方法进行接地或短路。

6）每组接地线均应编号，并存放在固定的地点，存放位置亦应编号。接地线号码与存放位置号码必须一致，以免在复杂的系统中进行部分停电检修时误拆或忘拆地线造成事故。

7）接地线与工作设备之间不允许连接刀闸或熔断器，以防它们断开时设备失去接地，使检修人员发生触电事故。

8）装设的接地线的最大摆动范围与带电部分保持安全距离。

4. 个人保安线

（1）作用。工作地段如有邻近、平行、交叉跨越及同杆架设线路，为防止停电检修线路上感应电压伤人，需要接触或接近导线工作时，应使用个人保安线。

（2）使用和保管注意事项。

1）个人保安线是个人的安全工具，不得作为他用，不得高空抛落。使用前应检查完好程度，如损坏可送交厂方修理或报废补缺，使用年限为 3 年。

2）个人保安线应在停电、验电、接地各项安全措施落实许可工作后进行。个人保安线应在杆塔上作业人员接触或接近导线的作业开始前挂接，作业结束脱离导线后拆除。装设时，应先接接地端，后接导线端，且接触良好，连接可靠。拆卸个人保安线的顺序与此相反。

3）在工作票上应注明当天使用的个人保安线数量及编号。工作结束后，应核实拆除的个人保安线数量及编号，防止漏拆造成带保安线合闸事故。

4）个人保安线应使用有透明护套的多股软铜线，截面积不得小于 $16mm^2$，且应带有绝缘手柄或绝缘部件。严禁以个人保安线代替接地线。

5. 脚扣

（1）基本结构。脚扣又叫铁脚，是攀登电杆的工具。它分两种：①扣环上制有铁齿，供登木杆使用，如图 1-3-32（a）所示；②扣环上裹有橡胶，供登混凝土杆用，如图 1-3-32（b）所示。脚扣攀登电杆速度较快。

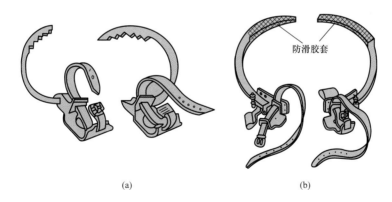

防滑胶套

(a)　　　　　　　　(b)

图 1-3-32　脚扣示意图

(a) 登木杆用的脚扣；(b) 登混凝土电杆用的脚扣

（2）脚扣使用方法。

1）向上攀登（见图 1-3-33）。在地面套好脚扣，登杆时根据自身情况，可任意用一只脚向上跨扣（跨距大小根据自身条件而定），同时用与上跨脚同侧的手向上扶住电杆。然后另一只脚再向上跨扣，同时另一只手也向上扶住电杆。以后步骤重复，只需注意两手和两脚的协调配合，当左脚向上跨扣时左手应同时向上扶住电杆，当右脚向上跨扣时右手应同时向上扶住电杆，直到杆顶需要作业的部位。

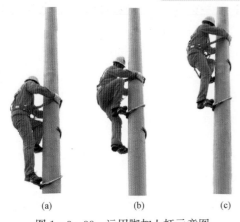

图 1 - 3 - 33　运用脚扣上杆示意图
(a) 步骤 1；(b) 步骤 2；(c) 步骤 3

2）杆上作业。

a）操作者在电杆左侧工作，此时操作者左脚在下，右脚在上，即身体重心放在左脚，右脚辅助。估测好人体与作业点的距离，找好角度，系牢安全带即可开始作业。必须扎好安全腰带，并且要把安全带可靠地绑扎在电杆上，以保证在高空工作时的安全。

b）操作者在电杆右侧作业，此时操作者右脚在下，左脚在上，即身体重心放在右脚，以左脚辅助。同样也是估测好人体与作业点上下、左右的距离和角度，系牢安全带后即可开始作业。

c）操作者在电杆正面作业，此时操作者可根据自身方便采用上述两种方式的一种方式进行作业，也可以根据负荷轻重、材料大小采取一点定位，即两脚同在一条水平线上，用一只脚扣的扣身压扣在另一只脚的扣身上。这样做是为了保证杆上作业时的人体平稳。脚扣扣稳之后，选好距离和角度，系牢安全带后进行作业。

d）下杆（见图 1 - 3 - 34）。杆上工作全部结束，经检查无误后下杆。下杆可根据用脚扣在杆上作业的 3 种方式，首先解脱安全带，然后将置于电杆上方侧的（或外边的）脚先向下跨扣，同时与向下跨扣之脚的同侧手向下扶住电杆，再将另一只脚向下跨扣，同时另一只手也向下扶住电杆，如图 1 - 3 - 34 所示。以后步骤重复，只需注意手脚协调配合往下就可，直至着地。

为了安全，在登杆前必须对所用的脚扣进行仔细检查，检查脚扣的各部分有无断裂、锈蚀现象，检查脚扣皮带是否牢固可靠，若脚扣皮带损坏，不得用绳子或导线捆绑代替。在登杆前，应对脚扣进行人体载荷冲击试验。试验时必须单脚进行，当一只脚扣试验完毕后，再试第二只。试

图 1 - 3 - 34　运用脚扣下杆示意图
(a) 步骤 1；(b) 步骤 2

验方法简便，操作者只要按图 1 - 3 - 33 （a）所示，登一步电杆，然后使整个人的重力以冲击的速度加在一只脚扣上。在试验后证明两只脚扣都没有问题，才能正式进行登杆。

运用脚扣上、下杆的每一步，必须先使脚扣环完全套入，并可靠地扣住电杆，才能移动身体，否则容易造成事故。

定期对脚扣进行静压力试验时，应将试验压力提高。在上杆作业时考虑人的体重、人上下杆的冲击力、杆上人员承受的材料重力等，应将试验压力数据调大，以避免使用脚扣登杆作业时发生断脚扣事故。

6. 升降板的使用

（1）概述。升降板，又称三角板、蹬板和踏板，是电工攀登电杆及杆上作业的一种工具。升降板由铁钩、麻绳、木板组成。绳钩至木板的垂直长度与使用人的高度相适应，一般应保持作业人员手臂长为宜。板是采用质地坚韧的木材制成的。绳采用 16mm 直径的 3 股白

棕绳。升降板的木板和白棕绳均应能承受300kg，每半年要进行一次载荷试验，在每次升降前应做人员冲击试验。升降板使用时要注意防止发生脱钩或下滑。

（2）使用方法。

1）向上攀登，如图1-3-35所示，步骤如下。

(a)   (b)   (c)

(d)   (e)   (f)

图1-3-35 用登高板登杆示意图

(a) 步骤1；(b) 步骤2；(c) 步骤3；(d) 步骤4；(e) 步骤5；(f) 步骤6

a) 左手握住绳子上部，绕过电杆，右手握住绕过来的铁钩，钩子开口应向上（开口向下绳子会滑出），两只手同时用力将绳子向上甩（超过作业人员举手高度），左手的绳子套在右手的铁钩内，左手拉住绳子往下方用力收紧。如图1-3-35（a）所示，把一只升降板钩挂在电杆上，高度恰使操作者能跨上，把另一只升降板背挂在肩上。左手握左面绳子与木板相接的地方，将木板沿着电杆横向右前方推出，右脚向右前方跷起，踩在木板上。接着右手握住钩子下边的两根棕绳，并须使大拇指顶住铁钩用力向下拉紧（拉得越是紧，套在电杆上的绳子越不会下滑）。左手将木板往左拉，并用力向下揿，左脚用力向上蹬跳，右脚应在木板上踩稳，人体向上，登上升降板。如图1-3-35（b）所示，两手和两脚同时用力，使人体上升，待人体重心转到右脚，左手即应松去，并趁势立即向上扶住电杆，左脚抵住电杆。如图1-3-35（c）所示，当人体上升到一定高度时，松去右手，并向上扶住电杆，且趁势使人体立直，接着刚提上的左脚去围绕左边的棕绳，左脚饶过左面的麻绳，站在升降板上两腿绷直（这样做人不容易向后倒，安全）。

b）取下背在肩上的另一只升降板，按同样方法在电杆上扣牢。如图 1-3-35（d）所示，在左脚绕过左面的棕绳后踏入三角档内，待人体站稳后，才可在电杆上一级钩挂另一只升降板，此时人体的平稳是依靠左脚围绕在左面棕绳来维持。右手握住在电杆上方那只升降板钩子下边的两根绳子，稳住身体，左脚原来在下升降板的绳子前面，绕回站在木板上，右脚跷起踏在上面升降板的木板上，左手握住上面一只升降板左面绳子和木板相接处用力往上攀登（动作和第一步相同）。如图 1-3-35（e）所示，右手紧握上面一只升降板的两根棕绳，并使大拇指顶住铁钩，左手握住左边（贴近木板）棕绳，然后把左脚从棕绳外退出，改成正踏在三角档内，接着才可使右脚跨上另一只升降板的木板。此时人体的受力依靠右手紧握住两根棕绳来获得，人体的平衡依靠左手紧握左面棕绳来维持。左脚离开下面升降板的过程中，脚应悬在两根绳子间和电杆与绳子的中间，用左脚挡住下面那只升降板，避免下滑的动作，用左手解脱下面的升降板。如图 1-3-35（f）所示，当人体离开下面一只升降板的木板时，则需把下面一只升降板解下，此时左脚必须抵住电杆，以免人体摇晃不稳。左脚提上仍盘绕在左边绳子站在升降板上。重复上述往上挂升降板的动作，一步一步向上攀登。要注意由于越往上电杆越细，升降板放置的档距也应逐渐缩小些。

图 1-3-36　在登高板上作业的站立姿态示意图

2）杆上作业。

a）站立方法：如图 1-3-36 所示，两只脚内侧夹紧电杆，这样升降板不会左右摆动摇晃。

b）安全带束腰位置：刚开始学习当电工的人一般都喜欢把安全带束在腰部，但杆上作业时间一般较长，腰部是承受不了的，正确位置是束在腰部下方臀部位置，这样不仅工作时间可长些，而且人的后仰距离也可更大，但安全带不能束得太松，以不滑过臀部为准。

3）下杆（见图 1-3-37）。解脱安全带后在升降板上站好，左手握住另一只升降板的绳子，放置在腰部下方，右手接住铁钩绕过电杆，在人站立着的升降板绳子与电杆间隙中间钩住左手的绳子（注意钩子的开口仍要向上），这时左手同时握住绳子和铁钩（可使绳子不滑出铁钩），并使这只升降板徐徐下滑。将左脚放在左手下方，左手左脚同时以最大限度向下滑，然后用左手将绳子收紧，用左脚背内侧抵住。左手握住上面升降板绳子的下方，同时右脚向下，右手沿着上面升降板右面绳子向下滑，并握住木板，左脚用力使人体向外，右脚踩着下面升降板，此时下面升降板已受力，可防止升降板自由下落。再抽出左脚，盘住左面的绳子在升降板上站好，将上面升降板绳子向上晃动，使绳子与铁钩松动，升降板自然下滑，解下。重复上述步骤，逐级下移到地面。

4）运用升降板下杆具体步骤如下：

a）人体站稳在现用的一只升降板上，把另一只升降板钩挂在现用升降板下方，别挂得太低，铁钩放置在腰部下方为宜，如图 1-3-37（a）所示。

b）右手紧握现用升降板钩挂处的两根绳索，并用大拇指抵住挂钩，以防人体下降时升

图 1-3-37　运用登高板下杆具体步骤示意图

（a）步骤 1；（b）步骤 2；（c）步骤 3；（d）步骤 4；（e）步骤 5；（f）步骤 6；（g）步骤 7；（h）步骤 8；（i）步骤 9

降板随之下降，左脚下伸，并抵住下方电杆。同时，左手握住下一只升降板的挂钩处（不要使用已钩挂好的绳索滑脱，也不要抽紧绳索，以免升降板下降时发生困难），人体随左脚的下伸而下降，并使左手配合人体下降而把另一只升降板放下到适当位置，如图 1-3-37（b）所示。

c）当人体下降到如图 1-3-37（c）所示位置时，使左脚插入另一只升降板的两根棕绳和电杆之间，即应使两根棕绳处在左脚的脚背上。

d）左手握住上面一只升降板左端绳索，同时左脚用力抵住电杆，这样既可防止升降板滑下，又可防止人体摇晃，如图 1-3-37（d）所示。

e）双手紧握上面一只升降板的两根绳索，使人体重心下降，如图 1-3-37（e）所示。

f）双手随人体下降而下移紧握绳索位置，直至贴近两端木板，左脚不动，但要用力支撑住电杆，使人体向后仰开，同时右脚从上一只升降，如图 1-3-37（f）所示。

g）当右脚稍一着落而人体尚未完全降落到下一只升降板时，就应立即把左脚从两根棕绳内抽出（注意：此时双手不可松劲），并趁势使人体贴近电杆站稳，如图 1-3-37（g）所示。

h）左脚下移，并准确绕过左边棕绳，右手上移且抓住上一只升降板铁钩下的两根棕绳，如图 1-3-37（h）所示。

i) 左脚盘在下面的升降板左面的绳索站稳，双手解去上一只升降板铁钩下的两根棕绳，如图 1-3-37（i）所示。

以后按上述步骤重复进行，直至人体着地为止。

综上所述，运用升降板或用脚扣登杆，看似复杂，实则简便。用升降板登杆和下杆方便快捷，特别是杆上作业，比较灵活舒适，长时间进行杆上作业时能降低疲劳程度。而用脚扣登杆，登木杆要选用扣环上制有铁齿的脚扣，登混凝土杆要选用扣环上裹有橡胶的脚扣，同时必须穿适合电线杆粗细的脚扣，而且登杆和下杆时需要调整脚扣大小。用脚扣杆上作业易疲劳，特别是腿脚部，这一点不如用升降板。

3.3　专用工器具

配电线路检修专用工器具可以分为起重工器具、测量仪表和巡视工器具，工器具的选择、使用和维护是配电线路检修的重要内容。

3.3.1　起重工器具

1. 绞磨

绞磨是配电线路施工和检修的重要起重工器具，按起重方式可以分为机动绞磨和人工绞磨两大类。

（1）机动绞磨。

1）分类。

a) 机动绞磨按能否行进而分为两种：一种是台架卧式机动绞磨，需要人力或机动车搬运；另一种是拖拉机动绞磨，它是将绞磨装在手扶拖拉机上，可以自己行走，无需人力搬运。

b) 按发动机型式分为汽油机绞磨和柴油机绞磨两类。

c) 按额定牵引力分为 10、15、20、30、50kN 5 类。

2）结构特征。机动绞磨在无电源的情况下作为牵引、起重机械，以适应山区、野外施工需要。它具有体积小、质量轻、牵引力大、操作简单等特点。它由发动机、离合器、变速箱（带动机器）、磨芯等部分组成，如图 1-3-38 所示。

图 1-3-38　机动绞磨实物

3）操作方法。

a) 装设钢丝绳。将搭扣螺钉松开后，打开左右半支架，面对磨芯，将钢丝绳由下向上逆时针绕进磨芯，牵引端靠近变速器，尾绳靠近支架。钢丝绳在磨芯上的圈数视牵引负荷而定，在额定工作负荷时应保持 5 圈。

b) 发动机启动前应先脱开离合器并挂空挡，参照发动机使用说明书启动发动机。

c) 合上离合器，动作应快，否则容易磨损，脱开时不宜用力过猛。

d) 变速箱换挡前应先脱开离合器，若换挡困难，可轻微合一下离合器使输入轴转动一个角度再换挡。严禁强行入挡。

　　e）工作前，应进行 10min 安载运行，检查离合器、换挡手柄是否灵活、准确、可靠，各部分是否有异常现象。

　　4）使用与维护。

　　a）发动机的使用、维护，按发动机使用说明书进行。绞磨应在额定负荷范围内工作，严禁超载运行。

　　b）绞磨的固锚是用以与地锚或桩锚连接而设置的，在使用中不能在固锚点以外自行确定连接位置。

　　c）使用前，应仔细检查各部件在运输中有无损坏，坚固件有无松动。

　　d）绞磨变速箱的箱体，采用 ZL104 铸铝合金，在检修过程中螺钉不宜过紧，并避免不必要的拆卸，更不能用锤敲击。

　　e）为保证使用可靠性，新机运行半年后应由专人进行一次检查，清洗箱体，换入干净的润滑油。

　　f）变速箱油面位置应在Ⅲ轴中心位置，机动绞磨的润滑维护应按说明书的要求进行。

　　5）使用机动绞磨应注意事项。

　　a）绞磨应放置平稳，锚固必须可靠，受力前方不得有人。

　　b）拉磨尾绳不应少于 2 人，且应位于锚桩后面，不得站在绳圈内。

　　c）绞磨受力状态下，不得采用松尾绳的方法卸荷，以防突然滑跑。

　　d）牵引绞磨绳应从卷筒下方引出，缠绕不得少于 5 圈，且应排列整齐，严禁相互叠压。

　　e）拖拉机绞磨两轮胎应在同一水平面上，前后支架均应受力。

　　f）绞磨卷筒应与绞磨绳垂直。导向滑车应对正卷筒中心。

　　（2）人工绞磨。

　　1）基本特点。

　　a）人力绞磨质量轻，移动性强，安装使用方便。

　　b）人力绞磨载荷轻，受力控制难，需要操作人员较多。

　　2）结构特点。人力绞磨适用于输变电线路环境异常恶劣，如山顶、湖心等机动绞磨不能到达的环境，用于施工中的牵引、立杆、放线、吊装等作业。机体采用优质无缝钢管经切断、冲孔、焊接而成。磨轮采用优质钢材加工而成，耐磨强度高。连接部分均采用密封轴承设计，有效减少了灰尘杂物的进入，从而减小了操作力量。机体还留有 4 个固定孔用于固定在地面上方便人工推动磨杠。

图 1-3-39　人力绞磨实物图

　　人力绞磨实物如图 1-3-39 所示。

　　3）使用注意事项。

　　a）人力绞磨应摆放在平整地面上，通过钢丝绳套与绞磨地锚连接。

　　b）使用前应仔细检查绞磨制动装置是否可靠。

　　c）牵引绞磨绳应从卷筒下方引出，缠绕不得少于 5 圈，且应排列整齐，严禁相互叠压，牵引绳尾要由专人控制。

d) 绞磨启动时，不宜推动过快，缓慢进行，在推动过程要听从现场指挥。

2. 抱杆

（1）抱杆的种类。

1）按材料分为木抱杆、钢抱杆、铝合金抱杆三种。

2）按断面形状分为圆环形、四方形及三角形三种。每种断面的抱杆又分为变截面和等截面两种。

3）按组合形式分为单抱杆、人字抱杆及带摇臂的独抱杆及其他形式的。

图1-3-40为典型的铝合金人字抱杆实物图。

（2）使用注意事项。

1）抱杆使用前必须检查其完好性，凡是缺少部件（含铆钉等）及主、斜材严重锈蚀的严禁使用。

2）抱杆的吊绳应控制在施工工艺设计的允许荷载以内。抱杆的允许轴向压力与抱杆的吊重是不一样的，使用时务必分清。

图1-3-40 抱杆实物图

3）抱杆的接头螺栓必须按规定安装齐全，且应拧紧，组装后的整体弯曲度不应超过1‰，在最大起吊荷载时不超过2‰。

4）抱杆的受力状态以轴向中心施压最佳，偏心受压会使抱杆允许承压力降低。严重偏心受压时应验算抱杆的承压力。

5）铝合金抱杆应特别注意保护，使用中避免钢丝绳摩擦。严禁用铝抱杆代替基础混凝土浇制的台架。

3. 桩锚和地锚

（1）地锚和桩锚的分类。在配电线路施工中，为了固定绞磨、牵张机械、起重滑车组、转向滑车及各种临时拉线等，都需要使用临时地锚或临时桩锚。地锚锚体埋入地面以下一定深度的土层中而承受上拔力；桩锚是用锤击或其他施力方法使部分深入土层部分外露而承受拉力。有的文献把两者都称为地锚，实际上，它们之间是有差别的。根据施工经验，当承受的拉力小于20kN且地表土较坚硬时，一般使用桩锚；当承受的拉力大于20kN且地表土较软时，一般使用地锚。地锚承受的拉力较大，但需要挖坑；桩锚承受的拉力较小，但不需要挖坑，随用随固定，拆除快捷，由于桩锚省力省时，使用越来越广。

1）地锚按锚体材料及制作方式的不同分为3种：

a) 圆木地锚。一般采用 $\phi 180 \sim \phi 240$ 直径，长度小于2m的圆木形成地锚锚体。由于圆木选材困难，易腐烂，使用越来越少。

b) 钢板地锚。采用3~5mm的薄板，在中部焊筋后封闭而制成钢板地锚。

c) 钢管地锚。采用4mm薄板卷制焊接而成外径为230mm、长度为1600mm的圆柱体，内壁中部用6~8mm钢板焊接加固，两端封口，形成地锚锚体。

2）临时桩锚分为下列3种：

a）圆木桩锚，包括加挡板及不加挡板。

b）圆钢管桩锚。

c）角（实际是角钢，习惯称角铁）桩锚。

3）按受力性能的不同分为水平受力锚、上拔受力锚、斜向受力锚。

各种地锚和桩锚以承受水平力最为有利，而承受上拔力均较小，因此使用地锚和桩锚，尽可能使其承受水平力。

（2）地锚和桩锚地质条件的分类及判定。由于地锚和桩锚都是利用天然土壤的物理特性而承受上拔力和抗压力的，因此如何对土壤进行分类和判定是确定使用地锚和桩锚的先决条件。

（3）地锚的埋设要求。

1）地锚坑的位置应避开不良地理条件，例如低洼易积水、受力侧前方有陡坎及新填土的地方。

2）地锚坑应开挖马道，马道宽度以能旋转钢丝绳为宜，不应太宽。马道坡度应与腕力绳方向一致，马道与地面的夹角不应大于45°。

3）地锚坑受力侧应掏挖小槽。小槽的深度宜为：全埋土地锚，不小于地锚直径的1/2；不理土或半埋土地锚，不小于地锚直径的2/3。

4）地锚安置坑内后应进行回填土，要求是：

a）对于坚土地质允许使用不埋土地锚，但坑深应按计算值增加0.2m。

b）对于次坚土和普通土应回填土，且应夯实。

c）对于软土及水坑，应先将水排除后再回填土夯实。

5）当地锚受力不满足安全要求时，可以增加地锚坑的深度，或用双根钢管合并使用，或在锚体受力侧增高角铁桩及挡板等，对地锚实施加固。

6）如遇岩石地带需要设置地锚时，应提前开挖地锚坑或者采用岩石锚盘基础，锚筋的规格视受力大小选择。

7）地锚的钢丝绳套应安置在锚体的中间位置，如果偏心会降低地锚的搞拔力。

地锚实物如图1-3-41所示。

（4）角钢桩设置的要求。

1）角钢桩的规格不宜小于∠75×8，长度不得小于1.5m，严重弯曲者不得使用。

2）角钢桩的轴线与地面的夹角（后侧）以60°～70°为宜，不应垂直地面，打入深度不应小于1.0m。

3）角钢桩位置应避开低洼积水地带及其他不良地质条件。

4）角钢桩的凹口应朝受力侧，钢丝绳在桩上的着力点应紧贴地面。

5）当受用双桩或三联桩时，前后相邻的两桩间应用8号铁线（3～4圈）并通过花兰螺丝连接。使用前，花兰螺丝应收紧，以保持双桩或三桩同时受力。

图1-3-41 地锚实物图

6）角钢桩应当天打入地下，当天使用。隔天夜使用时，使用前应检查有无雨水浸入，必要时应拔出重打。

4．钢丝绳

钢丝绳及绳套广泛应用于配电线路检修的起重，是配电线路施工的一种比较重要的工器具。

（1）钢丝绳的使用标准。

1）钢丝绳合用程度判断。钢丝绳合用程度的判断见表1－3－5。

表1－3－5　　　　　　　　　　钢丝绳合用程度判断

类别	钢丝绳的表面现象	合用程度	允许使用场所
1	钢丝绳有轻微摩擦，无绳股凸起现象	100％	重要场所
2	（1）各钢丝已有变位、压扁及凸出现象，但未露绳芯； （2）钢丝绳个别部分有轻微锈蚀； （3）钢丝绳表面上的个别钢丝有尖刺现象，每米长度内的尖刺数目不多于钢丝总数的3％	75％	重要场所
3	（1）绳股尖凸不太危险，绳芯未露出； （2）个别部分有显著锈迹； （3）钢丝绳表面上的个别钢丝有尖刺现象，每米长度内的尖刺数目不多于钢丝总数的10％	50％	次要场所
4	（1）绳股有显著扭曲，钢丝及绳股有部分变位，有显著尖刺现象； （2）钢丝全部有锈，将锈层去后钢丝上留下凹痕； （3）钢丝绳表面上的个别钢丝有尖刺现象，每米长度内的尖刺数目不多于钢丝总数的25％	40％	不重要场所或辅助场所

2）当钢丝绳断丝超过表1－3－6的规定时应报废处理。

表1－3－6　　　　　　　　　　钢 丝 绳 的 报 废 标 准

安全系数	钢丝绳结构					
	6×19		6×37		6×61	
	在一个节距中拉断钢丝根数					
	交互捻	同向捻	交互捻	同向捻	交互捻	同向捻
6以下	12	6	32	11	36	18
6～7	14	7	36	13	38	19
7以上	16	8	40	15	40	20

3）当钢丝绳表面磨损或锈蚀时，允许使用的拉力应乘以修正系数，见表1－3－7。

表1－3－7　　　　　　　　　　钢丝绳表面有磨损时的修正系数

磨损量按钢丝直径计（％）	10	15	20	25	30	30以上
修正系数	0.8	0.7	0.65	0.55	0.50	0

钢丝绳及绳套实物见图1－3－42和图1－3－43。

图 1-3-42　钢丝绳实物图

图 1-3-43　钢丝绳套实物图

（2）钢丝绳的维护及使用注意事项。

1）使用钢丝绳时，不能使钢丝绳发生锐角曲折、散股或由于被夹、被砸而成扁平状。

2）为防止钢丝绳生锈，应经常保持清洁，并定期地涂抹钢丝绳脂或特制无水分的防锈油，其成分的质量比为：煤焦油 68%、3 号沥青 10%、松香 10%、工业凡士林 7%、石墨 3%、石蜡 2%。也可以使用其他浓矿物油（如汽缸油等）。钢丝绳使用时每隔一定时期涂一次油，在保存时最少每 6 个月涂一次。

3）穿钢丝绳的滑轮边缘不许有破裂现象，以避免损坏钢丝绳。

4）钢丝绳与设备构件及建筑物的尖角如直接接触，应垫木块或麻带。

5）在起重作业中，应防止钢丝绳与电焊线或其他导线接触，以免触电及电弧损坏钢丝绳。

6）钢丝绳应成卷平放在干燥库房内的木板上，存放前要涂满防锈油。

7）当钢丝绳有腐蚀、断股、乱股以及严重扭结时，应停止使用。

8）钢丝绳直径磨损不超过 30%，允许降低拉力继续使用；若超过 30%，按报废处理。

9）钢丝绳经长期使用后，受自然和化学腐蚀是不可避免的。当整根钢丝绳外表面受腐蚀凭肉眼观察显而易见时，停止使用。

10）当整根钢丝绳纤维芯被挤出时，各种超重机械的钢丝绳断丝后的报废标准参见表 1-3-6。

11）超载使用过的钢丝绳不得再用。如需使用，通过破断拉力试验鉴定后可降级使用。若未知是否超载，一般可通过检查外观有无严重变形、结构破坏、纤维芯挤出和有明显的蜷缩、聚堆等现象来判断。

5. 麻绳

（1）麻绳的品种。麻绳有手工制造的和机器制造的两种。手工制造的麻绳一般用就地生产的麻类制造，规格不严，搓扭较松，不宜在起重作业中使用。机制麻绳质量较好，按使用的原材料不同，分为印尼棕绳、白棕绳、混合棕绳和线麻绳 4 种。

1）印尼棕绳。用印度尼西亚生产的西纱尔麻（白棕）为原料，这种纤维的特点是：拉力和扭力强，滤水快，抗海水侵蚀性能强，耐摩擦且富有弹性，受突然增加的拉力时不易折断。它适用于水中起重，船用锚缆、拖缆和陆地起重。

2）白棕绳。以龙舌兰麻为原材料，具有西沙尔麻的特点，因系野生，质量略次。其用途同印尼棕绳。

3）混合棕绳。用龙兰麻和苎麻各半，再掺入 10％大麻混合捻成。由于生苎麻拉力强，但韧性差，有胶质，遇水易腐，所以混合棕绳的拉力大于白棕绳。但其耐腐蚀性低，特别是在水中使用时，遇天气热、水温高时更为显著，使用时应注意。

4）线麻绳。用大麻纤维为原料，其特点是柔韧、弹性大、拉力强。其用途与混合棕绳基本相同。

图 1-3-44 为麻绳实物图。

（2）使用麻绳的注意事项。

1）麻绳在使用前的检查和处理方法。麻绳若保管不善或使用不当，容易造成局部损伤、机械磨损、受潮及化学介质的侵蚀。为了消除隐患，保证起重作业的安全可靠性，必须在每次使用前进行检查，对存在的问题予以妥善处理。当麻绳表面均匀磨损不超过直径的 30％，局部损伤不超过同截面直径的 10％，可按直径折减降低级别使用。断股的麻绳禁止作用。

图 1-3-44 麻绳实物图

2）麻绳应用特制的油涂抹保护，油各项成分质量比如下：工业凡士林 83％、松香 10％、石蜡 4％、石墨 3％。

3）绕麻绳的卷筒、滑轮的直径应大于麻绳直径的 7 倍。由于麻绳易于磨损和破断，最好选用木制滑轮。

4）作业中的麻绳，应注意避免受潮、淋雨，或纤维中夹杂泥沙和受油污等化学介质侵蚀。麻绳用完后，应立即收回晾干，清除表面泥污，卷成圆盘，平放在干燥的库房内。

5）麻绳打结后强度降低 50％以上，使用应尽量避免打结。

6. 滑轮

滑轮又称为滑车，可以单独使用，也可以组合（滑车组）使用，在配电线路检修工作中是一种重要的起重工具。

（1）滑轮的分组。滑轮按制作的材质分为木滑轮、钢滑轮、铝滑轮及尼龙滑轮 4 种；按使用的方法分为定滑轮，动滑轮，定、动滑轮合成的滑轮组；按滑轮数的多少分为单轮、双轮及多轮等；按其不同作用分为导向滑轮、平衡滑轮等。

动滑轮能减小牵引力，不能改变拉力的方向；定滑轮能改变力的方向，但不能减小牵引力；滑轮组则既能减小牵引力，又能改变拉力的方向。

起重滑车示例图如图 1-3-45 所示。

（2）滑轮尺寸。滑轮尺寸表示方法主要是以绳槽尺寸和滑轮直径大小来标志，其中绳槽尺寸见表 1-3-8。

图 1-3-45 起重滑车示例图

表 1-3-8 所列滑轮绳槽尺寸配合相应的钢丝绳直径，可以保证钢丝绳顺利滑过，并能使其接触面积尽可能为最大。

表 1-3-8   滑 轮 的 绳 槽 尺 寸

图例	钢丝绳的直径（mm）	a	b	c	d	e
	7.7～9.0	25	17	11	5	8
	11.0～14.0	40	28	25	8	10
	15.0～18.0	50	35	32.5	10	12
	18.5～23.5	65	45	40	13	16
	25.0～28.5	80	55	50	16	18
	31.0～34.5	95	65	60	19	20
	36.5～39.5	110	78	70	22	22
	43.0～47.5	130	95	85	26	24

钢丝绳绕过滑轮时要产生变形，故滑轮绳槽底部的圆半径应稍大于钢丝绳的半径，一般取 $R \approx (0.53 \sim 0.6)d$。绳槽两侧面夹角 $2\beta = 35° \sim 45°$。

滑轮的直径（指槽底的直径）$D > ed$，e 值取 $16 \sim 20$，一般的安装工地 e 值取 16，平衡滑轮直径 $D_p \approx 0.6D$。

（3）放线滑车。不论张力放线或非张力放线都需要使用放线滑车，它在放线及紧线过程中起支承导、地线的作用。放线滑车属于定滑车，它根据需要悬挂在悬垂绝缘子串下方或横担的某个指定位置。放线滑车如图 1-3-46 所示。

1）分类。

a）放线滑车按支承导、地线的不同分为导线放线滑车、地线放线滑车和光缆放线滑车。

b）导线放线滑车按轮数的不同分为单轮滑车、三轮滑车和五轮滑车。地线放线滑车仅有单轮滑车，如图 1-3-47 所示。

图 1-3-46 放线滑车示例图

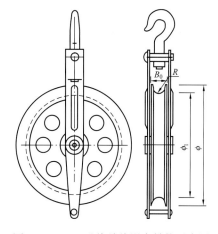

图 1-3-47 地线放线滑车结构示意图

c）导线放线滑轮由于构造的不同分为通轴式放线滑车和分轴可装配式放线滑车；

d）由于滑轮材料的不同分为钢轮、铝合金轮和 MC 尼龙轮。

2）选择放线滑车的基本原则。

a）滑车的轮数应符合不同牵引方式的要求，如一牵一选择单轮，一牵二选择三轮，一牵四选择五轮等。

b）导线滑车轮槽的槽底直径应不小于导线直径的 20 倍，地线放线滑车轮槽的槽底直径应不小于镀锌钢绞线的 15 倍，复合光缆放线滑车轮槽的槽底直径应不小于光缆直径的 40

倍，且不小于 500mm。

c）滑轮的槽深及槽底半径应符合《放线滑轮基本要求、检验规定及测试方法》（DL/T 685—1999）的技术要求。

d）采用张力放线的滑车，其结构尺寸应与牵引板（走板）相适应，并通过工艺性能试验。

e）对滑轮材料的要求：支承导线和光缆的滑轮应采用铝合金或高强耐磨胶垫的铝轮或 MC 尼龙轮，支承钢绞线和牵引绳的滑轮用钢质或尼龙轮，不论选用何种材料，均以不损伤线索且轻便为原则。

f）滑车的允许承载力，应不小于作用在单个滑轮上垂直档距为 800～1000m 的相应线缆的重力，安全系数不应小于 3。

3）使用放线滑车应注意的事项。

a）使用前应进行外观检查，发现零件变形、滑轮转动不灵活、滑轮裂纹及破损、活门开启和关闭有困难的滑车，均不能使用。

b）必要时应做滑车的摩阻力试验，摩阻系数应不大于 1.015。

c）必要时应做承载力试验，允许承载力应根据使用的导线型号规格计算确定，也可以按厂方提供的额定负荷试验。

4）应注意维护检修，定期注润滑油脂。

（4）特种滑车。在张力放线过程中，可能会为了满足某种特别需要而使用一些特种滑车。

1）用于大跨越、大转角的双轮放线滑车。当导线截面积为 240～400mm² 时双轮间距为 650～785mm，当导线截面积为 500～720mm² 时双轮间距为 960 mm，额定负荷为 40～100kN。

2）压线滑车，可用于钢丝绳、导线。滑轮材料用尼龙，适用于 $\phi20$～$\phi24$ 钢丝绳及导线为 LGJ‑400 型及以下规格，额定负荷为 20kN，如图 1‑3‑48 所示。

3）高速导向滑车，主要用于牵引场转向布置，如图 1‑3‑49 所示。滑轮材料用尼龙或铸钢制造，适用于 $\phi20$～$\phi24$ 钢丝绳，允许负荷为 140kN，本体质量为 38kg（尼龙）或 65kg（铸钢）。

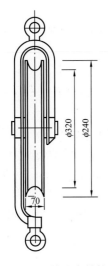

图 1‑3‑48　压线滑车结构示意图

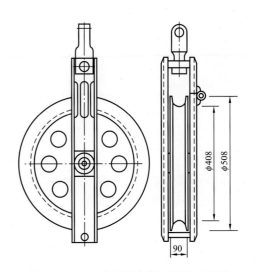

图 1‑3‑49　高速导向滑车结构示意图

4）接地滑车，用于牵引机、张力机出口端的导地线或钢丝绳。通过一根软铜线及铜棒进行接地，可防止静电，保证人身安全。滑车采用钢滑车或铝滑轮。

7. 夹线工具

导地线及钢丝绳的夹线工具分为导线卡线器、地线卡线器和钢丝绳卡线器三种，如图 1-3-50 所示。

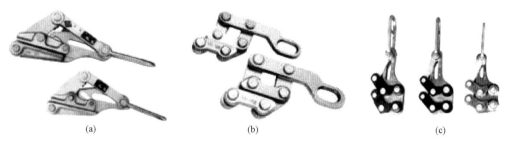

图 1-3-50　卡线器实物图
(a) 导线卡线器；(b) 地线卡线器；(c) 钢丝绳卡线器

(1) 卡线器的技术要求。

1) 抗拉强度应满足牵引导线、地线及钢丝绳的需要，安全系数不小于 3。

2) 卡线器能紧握导线、地线或钢丝绳。在导、地线最大使用张力下，卡线器不滑动，不脱出，不损伤导、地线及钢丝绳。

3) 轻便灵活，易于操作。

(2) 导线卡线器（也称铝合金紧线夹具）。导线卡线器的技术要求应符合《带电作业铝合金紧线卡线器》(GB 12167—2006) 的规定。

1) 卡线器在额定负荷下与反夹持的铝线应不产生相对滑移，不允许夹伤铝线表面。

2) 卡线器的主要零件应表面光滑，无尖边毛刺、缺口、裂纹等缺陷。各部件连接应紧密可靠，开合夹口方便灵活，整体性好。

3) 卡线器的所有零件表面均应进行防蚀处理。

(3) 使用卡线器应注意的事项。

1) 必须根据导地线或钢丝绳的型号及外径选择与之相匹配的卡线器型号，严禁以大代小或者以小代大。

2) 使用前，必须做卡线器握力试验，确保符合导地线牵拉张力时方准使用。

3) 安装卡线器时，导地线必须进入槽内，且将卡线器收紧。

4) 卡线器严禁超载使用，以防打滑。

5) 随着导地线的牵拉，卡线器尾部的导地线应理顺且收紧，防止导、地线卡阻卡线器。

6) 卡线器滑脱易引发伤人事故，故卡线器在牵拉过程中的收线范围内禁止站人。

7) 导地线卡线器宜加备用保护钢绳套，防止滑脱。

8) 卡线器应有出厂合格证及产品说明书。发现有裂纹、弯曲、转轴不灵或钳口斜纹磨平等缺陷时严禁使用。

8. 双钩紧线器

双钩紧线器是用以收紧或松出钢丝绳、钢绞线的调节工具，简称双钩。它是线路施工中

图 1 - 3 - 51　双钩紧线器实物图

收紧临时拉线最常用的工具之一，如图 1 - 3 - 51 所示。

由于使用材料的不同，双钩紧线器有钢质的和铝合金的，前者应用较多。另外还有一种套式双钩紧线器，在收紧状态下，其长度较短，便于携带。

（1）双钩紧线器的型号及性能。双钩紧线器的型号与性能见表 1 - 3 - 9。

表 1 - 3 - 9　　　　　　　双钩紧线器的型号及技术性能

类别	型号	额定负荷（kN）	最大中心距（mm）	可调节距离（mm）	质量（kg）
钢质	SJS - 0.5	5	730	230	2.5
	SJS - 1	10	840	280	3.5
	SJS - 2	20	1030	330	3.8
	SJS - 3	30	1350	460	5.7
	SJS - 5	50	1440	500	8.1
	SJS - 8	80	1660	580	8.5
套式	SJST - 1	10	700	290	2.5
	SJST - 2	20	780	330	3.0
	SJST - 3	30	950	430	4.2
	SJST - 5	50	1050	450	7.1

（2）使用双钩紧线器应注意的事项。

1）双钩紧线器应经常润滑保养。运输途中或不用时，应将其收缩至最短限度，防止丝扣碰伤。

2）出现双钩紧线器的换向爪失灵、螺杆无保险螺栓、表面裂纹或变形等现象严禁使用。

3）使用时应按额定负荷控制拉力，严禁超载使用。

4）双钩紧线器只应承受拉力，不得代替千斤顶让其承受压力。

5）使用、搬运等作业严禁抛掷，从杆塔上拆除后应用麻绳绑牢送至地面。

6）双钩紧线器收紧后要防止因钢丝绳自身扭力使双钩倒转，一般应将双钩上下端用钢丝绳套绑死。

7）双钩收紧后，丝杆与套管的单头连接长度不应小于 50mm，尤其是套式双钩应注意结合长度，防止突然松脱。

9. 手扳葫芦

（1）手扳葫芦分类。手扳葫芦一般以长度调节物的不同来分类。以钢丝绳作为长度调节物的称为钢丝绳手扳葫芦，如图 1 - 3 - 52 所示；以金属链条作为调节物的称为链条手扳葫芦，如图 1 - 3 - 53 所示。

图 1-3-52 钢丝绳手扳葫芦实物图

图 1-3-53 链条手扳葫芦实物图

（2）钢丝绳手扳葫芦。钢丝绳手扳葫芦是一种轻巧简便的手动牵引机械。其工作原理是由两对平滑自锁的夹钳，像两个钢爪一样交替夹紧钢丝绳，作直线往复运动，从而进行牵引、卷扬、起重等作业。除能水平、垂直使用外，还能在倾斜一定角度、高低不平狭窄地带、曲折转弯的条件下工作。

常用的 3 种型号钢丝绳手扳葫芦性能参数见表 1-3-10。

表 1-3-10　　　　　　　　　　手 扳 葫 芦 性 能 参 数

型号		SB1-1.5	68-3	YQ-3
起重量（t）		1.5	3	3
手柄往复一次钢丝绳行程（mm）	空载	55～65	35～40	25～30
	重载	45～50	25～30	—
手扳力（N）		430	410	450
钢丝绳	规格	$\phi9$	$\phi13.5$	$\phi15.5$
	长度（m）	20	15	10
外形尺寸（mm）	长	407	516	495
	宽	202	258	260
	高	132	163	165
机体质量（kg）		9	14	16

（3）链条手扳葫芦。链条手扳葫芦也是一种起重工具。操作时不是拉动链条，而是扳动有换向爪的棘轮手柄，底端挂钩加上荷重后，换向爪拨到"向上"位置，反复扳动手柄，即可收紧；换向爪拨到"向下"位置，反复扳动手柄，即可放松。

链条手扳葫芦具有以下特点：安全可靠、经久耐用；性能好、维修方便；体积小、质量轻，携带方便；手扳力小、效率高。

但链条手扳葫芦不足之处是起重高度较小。

链条手扳葫芦广泛应用于配电线路施工和检修工作中，使用过程中要注意以下几点：

1）严禁超载使用，严禁用人力以外其他动力操作。

2）使用前必须认真检查各部件是否良好，操作机构是否灵活可靠；

3）起重（或下降）时切勿触动手轮，以免重物在失去控制下造成事故；

4）使用过程中，严禁将换向爪拨到空挡位置。

10. 铁锤

铁锤是利用杠杆原理和惯性定律对地锚等进行敲打，使其深入地扎入土地。使用前

图 1-3-54 铁锤实物图

需好好检查铁锤金属部分和木质部分之间是否牢固；使用时铁锤施力方向正前方不允许站人。

铁锤在配电线路检修施工工作中常用于敲击固定地锚。图 1-3-54 为铁锤实物图。

3.3.2 测量仪表

1. 接地电阻测试仪

接地电阻测试仪种类繁多，一般用于电气设备及电力线路的接地电阻测试仪主要包括普通指针式接地电阻测试仪（也称为摇表）和数字式接地电阻测试仪。其中以指针式接地电阻测试仪（如 ZC-29 型）使用最为广泛，这里主要介绍 ZC-29 型接地电阻测试仪。

（1）用途。接地电阻测试仪是用于测量接地装置接地电阻的专用仪表。ZC-29 型接地电阻测试仪适用于测量电力系统各种电气设备、避雷针等接地装置的接地电阻值，以欧姆（Ω）为单位。4 端钮（0～1～10～100Ω 规格）的亦可测量低电阻导体的电阻值和土壤电阻率。

（2）结构。常用的 ZC-29 型接地电阻测试仪由手摇发电机、电流互感器、滑线电阻及检流计等组成，全部机构装在塑料壳内。图 1-3-55 所示为 ZC-29 型接地电阻测试仪外形。

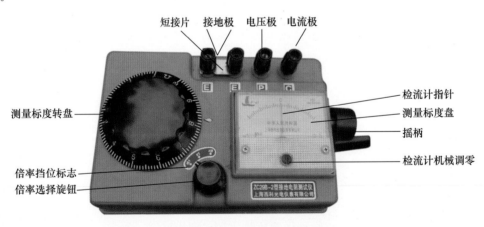

图 1-3-55 ZC-29 型接地电阻测试仪示例图

1）接线端钮：电压极（P1）、电流极（C1）、接地极（C2、P2）用于连接相应的探测针。

2）调整旋钮：用于检流计指针调零。

3）倍率盘：显示测试倍率（×0.1、×1、×10）。

4）测量标度盘：测试标度所测接地电阻阻值。

5）测量盘旋钮：用于测试中调节旋钮，使检流计指针指于中心线。

6）倍率盘旋钮：调节测试倍率。

7）发电机摇柄：手摇发电，为接地电阻测试仪提供测试电源。

（3）性能参数。ZC-29型接地电阻测试仪性能参数见表 1-3-11。

表 1-3-11　　　　　　　　　ZC-29 型接地电阻测试仪主要性能参数

规格	测量范围（Ω）	最小分格值（Ω）	辅助探针接地电阻值（Ω）
0～1～10～100	0～1	0.01	≤500
	0～10	0.1	≤1000
	0～100	1	≤2000
10～100～1000	0～10	0.1	≤1000
	0～100	1	≤2000
	0～1000	10	≤5000
准确度等级	3.0		
工作环境条件	温度－20～50℃，相对湿度 25％～95％		
摇柄额定转速	120r/min		
外形尺寸	170mm×110mm×164mm		
质量	约4kg		

（4）接地电阻测试接线图。接地电阻的测量可以按图 1-3-56（测大于或等于 1Ω 接地电阻）和图 1-3-57（测量小于 1Ω 接地电阻）接线。

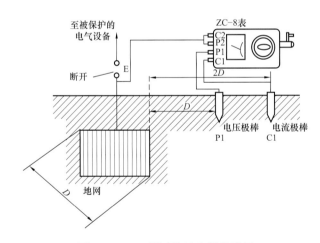
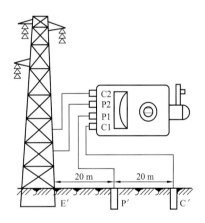

图 1-3-56　测试接地电阻接线图
（测量大于等于 1Ω 的接地电阻）

图 1-3-57　测试接地电阻接线图
（测量小于 1Ω 的接地电阻）

（5）接地电阻测试注意事项。

1）禁止在有雷电的天气或被测物带电时进行测量。测量前，应断开与被测部分设备的连接线。

2）严禁在检流表指针仍有较大偏转时加快摇柄的摇转速度。

3）摇柄携带、使用时必须轻放，避免剧烈振动。

（6）接地电阻标准规范值：

1）独立的防雷保护接地电阻应不大于 10Ω；

2）独立的安全保护接地电阻应不大于 4Ω；

3）独立的交流工作接地电阻应不大于 4Ω；

4）独立的直流工作接地电阻应不大于 4Ω；

5）防静电接地电阻一般要求不大于 100Ω；

6）变压器中性点接地，容量在 100kVA 及以下者接地电阻不大于 10Ω，容量在 100kVA 以上者接地电阻不大于 4Ω；

7）防雷接地和设备金属外壳接地，接地电阻不大于 10Ω；

8）铁杆接地电阻不宜超过 30Ω。

2. 绝缘电阻表

绝缘电阻表俗称兆欧表，是一种测量高电阻的仪表。

（1）用途。常用它测量电气设备或供电线路的绝缘电阻值，是一种可携带式的仪表。

（2）基本结构。

1）绝缘电阻表的表盘刻度以兆欧（MΩ）为单位。

2）它由永久磁铁、固定在同一转轴上的 2 个动圈、有缺口的圆柱形铁芯及指针构成。

3）外部有 3 个端钮，即线路（L）、地线（E）、屏蔽接线（保护环）（G）。

绝缘电阻表外形如图 1-3-58 所示。

（3）绝缘电阻表选择。

1）对额定电压在 500V 及以下的电气设备，应选用电压等级为 500V 或 1000V 的绝缘电阻表；

2）对额定电压在 500V 以上的电气设备，应选用 1000~2500V 的绝缘电阻表。

图 1-3-58 绝缘电阻表实物图

（4）绝缘电阻表的接线方式。

1）测量配电变压器绝缘电阻。测量时将被测的变压器两线分别连于仪表 E 及 L 接线柱。在天气潮湿或雨雪后测量变压器绝缘电阻时，为得到精确数值，仪表 G 接线柱要与配电变压器瓷套管连接。

图 1-3-59 为测量配电变压器高压套管对地绝缘电阻的接线图。

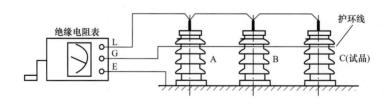

图 1-3-59 绝缘电阻表测量配电变压器高压套管对地绝缘电阻接线图

2）测量线路对地绝缘电阻。测量时（线的对地电阻）应将线路接于仪表的 L 接线柱上，而以接地线接于仪表 E 接线柱上。

（5）使用注意事项。

1）测量前，应将绝缘电阻表保持水平位置，左手按住表身，右手摇动绝缘电阻表摇柄，转速约 120r/min，指针应指向无穷大（∞），否则说明绝缘电阻表有故障。

2）应切断被测电器及回路的电源，并对相关元件进行临时接地放电，以保证人身与绝缘电阻表的安全和测量结果准确。

3）绝缘电阻表接线柱引出的测量软线绝缘应良好，两根导线之间和导线与地之间应保持适当距离，以免影响测量精度。

4）摇动绝缘电阻表时，不能用手接触绝缘电阻表的接线柱和被测回路，以防触电。

5）摇动绝缘电阻表后，各接线柱之间不能短接，以免损坏。

6）阴雨潮湿天气及环境湿度太大时，不宜进行测量。

7）雷电天气时，禁止测量线路绝缘电阻，在同杆架设的双回线路测量绝缘时，需将另一回线路同时停电，方可进行。

3. 经纬仪

经纬仪是线路主要测量仪器，应用最广，它可以测量水平角度、垂直角度、距离、高程、确定方向等。

（1）经纬仪的结构和基本类型。普通经纬仪分为游标经纬仪和光学经纬仪两种，目前游标经纬仪已逐步淘汰。

国产光学经纬仪最常用的是 DJ2 和 DJ6 两种类型，"D" 和 "J" 分别为 "大地测量" 和 "经纬仪" 的汉语拼音第一字母，"6"、"2" 分别表示用该类仪器测量水平角一测回水平方向标准偏差为 ±6″、±2″。图 1-3-60 所示的就是 DJ6-1 型光学经纬仪。

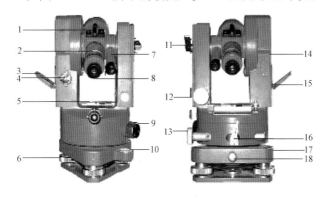

图 1-3-60　DJ6-1 型光学经纬仪

1—粗瞄准；2—望远镜调焦环；3—照明反光镜；4—护盖；5—照准部水准器；6—基座脚螺旋；
7—读数显微目镜；8—望远镜目镜；9—配置度盘；10—圆水准器；11—望远镜制动手柄；
12—望远镜微动螺旋；13—水平微动螺旋；14—左侧护盖；15—照明窗；
16—水平制动手柄；17—底座；18—底座制紧螺钉

（2）经纬仪使用方法。经纬仪测量一般由有经验的人员进行。经纬仪主要由基座、镜筒、垂直度盘、水平度盘等组成。使用前首先要将经纬仪对中、整平，然后再瞄准定位。

1）对中。先根据线路起点定一起点杆位标桩，将经纬仪三脚分开立在标桩上，使三脚架头尽量保持水平，用铅垂或经纬仪光学对中对正起点桩位，使经纬仪刻度盘中心和标桩中心对应。

2）整平。旋转调整经纬仪下盘下部的脚螺钉，使圆水准器的水泡居中，然后再精调，使横向水准管的水泡同时居中。整平后，经纬仪的刻度盘保持在水平位置上。

3）瞄准定位。对中整平复查无误后，先调整目镜筒使十字丝清晰，然后稍转动度盘和望远镜转动螺钉，把望远镜上的准星打到目标线路转角点或终点杆位，调整望远镜焦距使目标清晰展示在十字丝附近，旋紧度盘和望远镜粗调转动螺钉，转动度盘和望远镜微调螺钉，使目标杆位在经纬仪十字丝垂线上。经纬仪不能有任何碰撞和移动，镜头水平固定后使经纬仪镜头只能在垂直方向移动，即可开始经纬仪对起点与转角点或终点目标杆位中间的杆位定位。经纬仪观测人员指挥标杆移动人员在规定档距插一标杆，使中间的标杆中心与经纬仪十字丝垂线精细重合，在标杆垂直中点下方定好一杆位，然后移动中间标杆通过经纬仪观测依次定完所有杆位。

（3）使用注意事项。用经纬仪观测有较高的准确度，但必须注意以下问题：

1）测量前应先定好线路起点、转角点、终点杆位，一般从转角点向两侧观测。

2）经纬仪对中、整平后，人员不得碰撞经纬仪，并随时检查对中、整平无变动异常。

3）经纬仪对准目标另一转点或起终点杆位，并锁死水平度盘后，严禁用手再次调整经纬仪水平度盘，并注意除检查目标杆位始终应在十字丝垂线上。

4）适用于较长的配电线路定位，且操作人员应有一定经验，首尾人员对联系旗语或对讲机使用要熟悉。

4．单臂电桥

（1）用途。单臂电桥主要用来测量各种电机、变压器及各种电气设备的直流电阻，以进行设备出厂的试验及故障分析。直流单臂电桥又称为惠斯登电桥，是一种用来测量电阻与电阻有一定函数关系的参量的比较式仪器。其适用于测量 $1\Omega \sim 10M\Omega$ 的中阻值电阻，测量范围大、精确度高。图 1-3-61 所示为常见的有 QJ23 型直流单臂电桥。

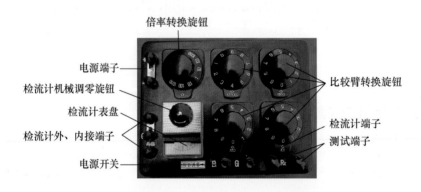

图 1-3-61　QJ23 型直流单臂电桥

（2）面板介绍。QJ23 型电桥的测量范围是 $1\Omega \sim 9.999M\Omega$（4 位有效数字），准确度为0.2级。其面板布置如图 1-3-61 所示：右面的 4 个转换旋钮称为比较臂转换旋钮，有×1、×10、×100、×1000 共 4 挡；左上的转换旋钮称为倍率转换旋钮或比较臂，有 0.001、0.01、0.1、1、10、100 和 1000 共 7 挡，倍率转换旋钮（开关）下面是检流计，实际上是一电流表；最左端上方是外接电源插孔 E，下方为外接一内接检流计的转换接头；右下角为被测电阻器的接线端钮；中间下方有两个按钮 B 为电源开关，按 B 时电源接通，按 G 则检流计接通。

（3）使用方法。测量时，将被测电阻 R 接好，电源接通后，通过调节右面 4 个比较臂旋钮和左面的倍率转换开关使检流计的表针指 0 时，则右面 4 个比较臂的 4 组数字（个、十、百、千）相加后，乘以倍率转换开关的所选值，得数即为所测电阻值。操作步骤如下：

1）使用前，先把检流计的锁扣打开，并调节调零器把指针调到零位。

2）将被测电阻 R 接在接线端钮上，根据 R 的阻值范围选择合适的比较臂倍率，使比较臂几组电阻都用上。例如要测量几十欧的电阻，用比较臂的最高挡 $1000 \times 0.01 = 100$，因此可知，选用 0.01 倍率时 4 组电阻都能用上。

3）调节平衡时，按下 G 钮，指针若向 "＋" 移动，应增大比较臂电阻；若向 "－" 移动，则应减比较臂电阻。开始调节时注意应松开 G 钮再调，待调到表针接近平衡时，才可按住按钮进行调。否则，调整中检流计指针可能受到猛烈撞击而损坏。另外，要先按电源按钮 B，再按检流按钮 G。调节完后，先松开检流计按钮 G，再松开电源按钮 B，以防被测对象产生感应电动势损坏检流计。

4）如使用外接电源，电压应符合规定。使用外接检流计时，应将内接检流计用短路片短路，外接检流计接在外接端钮上。

5）测量结束后，应锁上检流计锁扣，以免表针受振动而损坏。

（4）使用注意事项。

1）接入被测电阻时，应选择较粗较短的连接导线，并将接头拧紧。接头接触不良时，将使电桥的平衡不稳定，甚至可能损坏检流计，所以需要特别注意。

2）进行测量时，应先接通电源按钮，然后接通检流计按钮。测量结束后，应先断开检流计按钮，再断开电源按钮。这是为了防止当被测元件具有电感时，由于电路的通断会产生很大的自感电动势而损坏电桥。

3）电桥使用完毕后，应立即把检流计的锁扣锁上，以防止在搬运过程中将悬丝损坏。有的电桥中检流计不装锁扣，这时应该将 "G" 端子断开。

（5）单臂电桥的维护。

1）发现电池电压不足时应该及时更换，否则将影响电桥灵敏度。

2）电桥应储存在环境温度为 5～45℃、相对湿度小于 80% 的条件下，室内空气中不能含有腐蚀仪器的气体和有害杂质。

3）仪器应保持清洁，并避免直接阳光照射和剧烈振动。

5．双臂电桥

（1）用途。直流双臂电桥又称为开尔文电桥，是用来测量 1Ω 以下小阻值电阻，如大型电机和变压器绕组的电阻、分流器及导线电阻、开关的接触电阻。其特点是可以避免测量时连接导线接触电阻造成的误差。国产双臂电桥的型号有 QJ28、QJ42、QJ44 等。

图 1-3-62 所示是 QJ44 型双臂电桥。

（2）性能参数。

1）准确度等级：0.2 级。

2）使用温度范围：5～45℃。

3）测量范围：0.00001～11Ω，基本量限为 0.01～11Ω。

4）准确度：电桥在环境温度为 (20±10)℃、相对湿度小于 80% 的条件下，在基本量限内，允许测量误差为

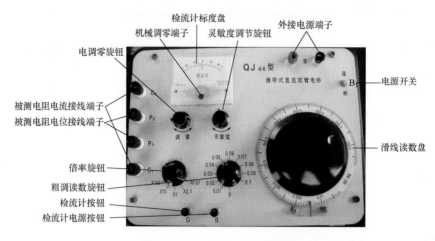

图 1 - 3 - 62　QJ44 型双臂电桥

$$|\Delta| \leqslant a\%R_{max}（允许误差为滑线读数刻度 4 小格）$$

式中：a 为准确度等级（0.2 级）；R_{max} 为电桥读数的满刻度（Ω）。

5）内附晶体管检流计，具有足够的灵敏度。在基本量限内，当滑线读数盘刻度变化 4 小格，检流计指针偏离零位不小于 1 格。

6）电桥的工作电源为 1.5～2V（内附电源为 1 号 1.5V 电池 6 节并联），晶体管检流计工作电源为 6F22，9V（3 节并联）。

7）仪器外形尺寸：300mm×255mm×150mm。

8）仪器质量：约 4.5kg。

（3）操作面板介绍。左端有 4 个接线端钮，C_1、C_2 称为电流端钮，P_1、P_2 称为电压端钮。测量时，被测电阻方的每端接出 2 根引线，一端接在 C_1、P_1 上，另一端接在 C_2、P_2 上。面板的右上角是外接或内部电源选择开关和外接电源端钮 B，下面的比较臂电阻调节盘可在 0.5～110 范围内调节。左上方是倍率选择开关，有 $\times 10^{-4}$、$\times 10^{-3}$、$\times 10^{-2}$、$\times 10^{-1}$、$\times 1$ 共 5 挡，下面是检流计，检流计下面是电源按钮（B）和检流计按钮（G）。

（4）操作方法。使用时，按照与前面介绍的使用单臂电桥相同的步骤，调节至检流计平衡后，用比较臂电阻值乘以倍率，即得到所测的电阻值。

1）选择电源为内接还是外接。

2）按下检流计电源按钮，调节检流计调零使检流计指针指到 0 位。然后调节检流计灵敏度到最小，并将电源选择开关拨向相应位置。

3）将被测电阻的 4 端接到双臂电桥的相应 4 个接线柱上。

4）估计被测电阻值将倍率开关旋到相应的位置上。

5）当测量电阻时，调节平衡时，按下 B 钮，指针若向"＋"移动，应增大比较臂电阻；若向"－"移动，则应减小比较臂电阻。开始调节时注意应松开 G 钮再调，待调到表针接近平衡时，才可按住按钮进行细调。否则，调整中检流计指针可能受到猛烈撞击而损坏。

6）调节完后，先松开检流计按钮 G，再松开电源按钮 B，以防被测对象产生感应电动势损坏检流计。

7）记录当时的温度，以便换算，与出厂值比较。

（5）使用注意事项。直流双臂电桥的使用方法和注意事项，与单臂电桥基本相同，但还要注意以下几点：

1）被测电阻的电流端钮和电位端钮应与双臂电桥的对应端钮正确连接。当被测电阻没有专门的电压端钮和电流端钮时，也要设法引出 4 根线与双臂电桥相连接，并用靠近被测电阻的一对导线接到电桥的电位端钮上。连接导线应尽量用短线和粗线，接头要接牢。

2）由于双臂电桥的工作电流较大，所以测量要迅速，以免耗电过多，测量结束后应立即关闭电源。

3）在测量未知电阻时，为保护指零仪指针不被打坏，指零仪的灵敏度调节旋钮应放在最低位置，使电桥初步平衡后再增加指零仪灵敏度。改变指零仪灵敏度或环境等因素的影响，有时会引起指零仪指针偏离零位，在测量之前，随时都可以调节指零仪零位。

（6）日常维护。

1）如电桥不长期使用，应将电池取出。

2）电桥应保存在温度为 5～45℃、相对湿度小于 80％的条件下，室内空气中不应含有腐蚀仪器的气体和有害杂质。

3）仪器应保持清洁，并避免直接的阳光曝晒和剧烈振动。

6．钳形电流表

（1）基本用途。钳形电流表是配电线路检修工作中常用的测量仪表之一。钳形电流表最初是用来测量交流电流的，但随着功能的改进和完善，现在钳形电流表已经可以测量交直流电压、电流，电容容量，二极管，三极管，电阻，温度，频率等。图 1-3-63 为钳形电流表实物图。

钳形电流表可以通过转换开关的拨挡，改换不同的量程。但拨挡时不允许带电进行操作。钳形电流表一般准确度不高，通常为 2.5～5 级。为了使用方便，表内还有不同量程的转换开关以供测量不同等级的电流、电压。

（2）基本结构。钳形电流表实质上是由一只电流互感器、钳形扳手和一只整流式磁电系有反作用力的仪表所组成，其结构如图 1-3-64 所示。

图 1-3-63　钳形电流表实物图

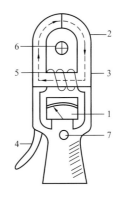

图 1-3-64　交流钳形电流表结构示意图
1—电流表；2—电流互感器；3—铁芯；4—手柄；
5—二次绕组；6—被测导线；7—量程开关

钳形电流表的工作原理与变压器一样。一次线圈就是穿过钳形铁芯的导线，相当于 1 匝的变压器的一次绕组，这是一个升压变压器。二次绕组与测量用的电流表构成二次回路。当导线有交流电流通过时，就是这一匝线圈产生了交变磁场，在二次回路中产生了感应电流，电流的大小与一次电流的比例，相当于一次与二次绕组的匝数的反比。钳形电流表用于测量大电流，如果电流不够大，可以将一次导线增加圈数，同时将测得的电流数除以圈数。钳形电流表的穿心式电流互感器的二次绕组缠绕在铁芯上且与交流电流表相连，它的一次绕组即为穿过互感器中心的被测导线。旋钮实际上是一个量程选择开关，扳手的作用是开合穿心式互感器铁芯的可动部分，以便使其钳入被测导线。

（3）技术规格。钳形电流表有模拟指针式和数字式两种。标准型的检测范围：交流、直流均在 20A 到 200A 或 400A 左右，也有可以检测到 2000A 大电流的产品。另有可检测数毫安的微小电流的漏电检测产品以及可检测变压器电源、开关转换电源等正弦波以外的非正弦波的真有效值的产品。

（4）使用方法。测量电流时，按动扳手，打开钳口，将被测载流导线置于穿心式电流互感器的中间，当被测导线中有交变电流通过时，交流电流的磁通在互感器二次绕组中感应出电流，该电流通过电磁式电流表的线圈，使指针发生偏转，在表盘标度尺上指出被测电流值。

具体操作步骤如下：

1）测量前要机械调零。

2）选择合适的量程，先选大量程，后选小量程或看铭牌值估算。

3）当使用最小量程测量，其读数还不明显时，可将被测导线绕几匝，匝数要以钳口中央的匝数为准，则读数＝指示值×量程/满偏×匝数。

4）测量完毕，要将转换开关放在最大量程处。

5）测量时，应使被测导线处在钳口的中央，并使钳口闭合紧密，以减少误差。

（5）注意事项。

1）被测线路的电压要低于钳形电流表的额定电压。

2）测高压线路电流时，要戴绝缘手套，穿绝缘鞋，站在绝缘垫上。

3）钳口要闭合紧密不能带电换量程。

7. 万用表

（1）用途和分类。万用表是一种可以测量多种电量、电参数的复用表，其突出特点是用途广泛、量限范围宽，使用和携带方便。

万用表分为模拟式和数字式两类，它们均可用于测量直流电压、电流、交流电压、电流、电阻、电容和电感等。

（2）模拟式万用表。

1）性能特点。模拟式万用表使用十分方便，在不需要进行精确测量的前提下，以指针的偏转来表示量值的大小，有时更为直观。例如在测量判别电容器时，指针的运动过程可形象地模拟出充放电电流由小到大、由大到小的过程，也很容易筛选出其中的不合格品。模拟显示万用表的缺点是准确度不高。

图 1-3-65 为 500 型模拟指针式万用表。

2）基本结构。模拟式万用表由表头、测量线路、

图 1-3-65　500 型模拟指针式万用表

转换开关以及外壳等组成。表头用来指示被测量的数值；测量线路用来把各种被测量转换为适合表头测量的直流微小电流；转换开关用来实现对不同测量线路的选择，以适合各种被测量的要求。

3）技术规格。以 SI47 型指针式万用表为例，其测量范围为：

a）直流电压，分 5 挡：0～2.5V，0～10V，0～50V，0～250V，0～500V。

b）交流电压，分 4 挡：0～10V，0～50V，0～250V，0～500V。

c）直流电流，分 5 挡：0～50μA，0～1mA，0～10mA，0～100mA，0～500mA。

d）电阻，分 5 挡：$R\times1$，$R\times10$，$R\times100$，$R\times1k$，$R\times10k$。

4）用途。用来测量电阻、交直流电压、直流电流、信号电平、电容和电感，但电容和电感不能直接读数，也可以用于判断电路通断等场合。

5）使用方法。模拟式万用表的结构型式多，可测的电量及电参数多，规格、量限多。因此使用前应仔细阅读使用说明书，了解万用表的主要功能、技术指标及量限的设置等。使用时应注意：

a）测量前要检查表笔所接的位置是否正确，然后根据待测对象将转换开关置于相应的位置。当被测量的量值范围不详时，应先用表中的高量限进行测试，初测后再切换至适当的量限进行复测，以防止表头可动部分受到过负荷冲击或烧毁电阻。

b）测量直流时要注意正负极性。当待测对象极性不明时，也应先将万用表置于高量限上，先确认极性，再进行测量。

c）测电流时，应将表笔与电路串联；测电压时，表笔与电路并联。

d）读数要正确。万用表中有多条标度尺，使用时必须从与所测电量开关挡位相对应的标度尺上读取示数，万用表的型号不同，标度尺的设置和使用情况也不同，因此必须在使用前将标度尺"阅读"一遍，弄清楚应在哪一条标度尺上读数，这条标尺是如何分度的，每一个小分度代表的量值是多少等。

（3）数字式万用表。

1）性能特点。数字式万用表不仅有 $3\frac{1}{2}$ 位工具型万用表，也有多位数、高精度的标准仪表。通常所说的数字式万用表，一般是指工具型万用表。数字式万用表与模拟式万用表相比较具有测量范围更宽、准确度较高和分辨力强等诸多优势，数字式万用表的准确度均高于模拟式万用表。且两者计算基本误差的表达式也不相同，模拟式万用表是以测量范围上限的百分数计算（直流电阻挡除外），即按引用误差计算，而数字式万用表是以指示值的百分数（相对误差）来计算，因此两种表在测量显示除测量范围上限外的其他量值时，测量准确度的差距会更大，如用 $4\frac{1}{2}$ 位数字式万用表，各项技术指标更高。

图 1-3-66 所示为 SD9205 型数字式万用表。

2）基本结构。数字式万用表是在直流数字电压

图 1-3-66 SD9205 型数字式万用表

表的基础上，配以各种功能转换电路组成的多功能测量仪表。数字式万用表最基本的功能是对电流、电压和电阻的测量。

常见的功能转换电路还有把二极管正向压降转换为直流电压的变换器，把电容量转换为直流电压的变换器，把晶体管电流放大倍数转换为直流电压的变换器，把频率转换为直流电压的变换器，把温度转换为直流电压的变换器等。除此之外，数字式万用表还常附加有自动关机电路、报警电路、蜂鸣器电路、保护电路、量程自动切换电路等。

3）用途。测量电阻、交直流电压、直流电流、电路通断、电容、电感、电平和三极管 β 值等。

4）技术规格。以 MY65 型数字式万用表为例，其参数测量范围如下：

a）直流电压：200mV/2V/20V/200V/1000V（10MΩ/V）；

b）交流电压：10V/50V/250V/500V；

c）直流电流：2mA/20mA/200mA/10A（2MΩ/V）；

d）交流电流：2mA/20mA/200mA/10A（$f=40Hz\sim400Hz$）；

e）电阻：200Ω/2kΩ/200kΩ/2MΩ/20MΩ/200MΩ；

f）电容：2nF/20nF/200nF/2μF/20μF；

g）显示位数：19999。

5）使用方法。

a）直流电压的测量。如要测 150V 直流电压，操作过程为：将红表笔插入"V·Ω"插孔，黑表笔插入"COM"插孔，量程选择为"DCV"200 挡，打开电源开关，两表笔并联在被测电路两端，从显示屏上读取示数。

b）交流 600V 电压的测量。表笔接法同上；量程选择开关置于"ACV"750 挡位，其余过程同直流电压的测量。

c）直流 15mA 的测量。将红表笔插入"mA"插孔，黑表笔插入"COM"插孔，量程选择开关置于"DCA"20mA 挡位，其余过程同直流电压的测量。

d）120Ω 电阻的测量。量程选择开关置于"Ω"200 挡位，其余过程同直流电压的测量。

e）二极管的测量。表笔位置为"V·Ω"（红）接二极管正极，"COM"（黑）接二极管负极，量程选择开关置于"→⊦"挡，此时显示的是二极管的正向电压，锗管应为 0.150～0.300V，硅管应为 0.550～0.700V。如显示为 000 表示二极管已击穿，显示 1 表示二极管内部开路。

6）使用数字万用表注意事项。

a）应根据工艺文件的规定选用数字式万用表。数字式万用表种类繁多，其主要技术指标、显示位数、功能和测量范围各不相同。

b）使用前应仔细阅读使用说明书，熟悉其面板结构、插孔、开关的作用，防止误操作。

c）当使用电阻挡测量晶体管、电解电容器时，应注意红表笔为正极，黑表笔接负极，与模拟式万用表正好相反。

d）一般数字式万用表的频率特性较差，通常只能测量 45～500Hz 频率内的正弦量有效值。如需测量较高频率的正弦量或非正弦量峰值、有效值等，可选用具有相应功能的仪表。

e）严禁在被测电路带电的情况下测量电阻。

f）严禁在测量高电压或较大电流的过程中旋动量程选择开关，以防止产生电弧，烧坏开关触点。

g）当显示屏上提示电池电压过低，或打开开关屏幕无显示时应更换电池。每次使用完毕应将仪表上的电源开关关断，仪表长期不用时应将电池取出。

3.3.3 巡视工器具

配电线路巡视需要携带的工具除了棍棒、工具包、手电筒、绝缘靴、急救药品外，还必须携带专用的巡视工具，这里主要介绍望远镜、红外测温仪和红外夜视仪3种最常用的巡视工具。

1. 望远镜

望远镜又称千里镜，是一种利用凹透镜和凸透镜观测遥远物体的光学仪器。利用通过透镜的光线折射或光线被凹镜反射使之进入小孔并会聚成像，再经过一个放大目镜而被看到。望远镜的第一个作用是放大远处物体的张角，使人眼能看清角距更小的细节。望远镜第二个作用是把物镜收集到的比瞳孔直径（最大8mm）粗得多的光束，送入人眼，使观测者能看到原来看不到的暗弱物体。

在配电线路和设备巡视中，可以借助望远镜观察肉眼不能发现的线路和设备缺陷和故障，因此望远镜在配电线路巡视中使用广泛。但望远镜清晰度与天气有关，晴朗天气使用效果较好，阴天、雨天、浓雾天和夜间效果较差。

望远镜实物如图1-3-67所示。

图1-3-67 望远镜实物图

2. 红外测温仪

红外测温仪是一种非接触测量仪器，它不需要接触到被测温度场的内部或表面，因此，不会干扰被测温度场的状态，测温仪本身也不受温度场的损伤。

（1）基本特点。

1）测量范围广：因其是非接触测温，所以测温仪并不处在较高或较低的温度场中，而是工作在正常的温度或测温仪允许的条件下。一般情况下可测量负几十度到三千多度。

2）测温速度快：即响应时间快，只要接收到目标的红外辐射即可在短时间内定温。

3）准确度高：红外测温不会与接触式测温一样破坏物体本身温度分布，精度高。

4）灵敏度高：只要物体温度有微小变化，辐射能量就有较大改变，易于测出。可进行微小温度场的温度测量。

5）使用安全：由于是非接触测量，使用安全及使用寿命长。

但红外线测温仪也具有以下缺点：

a）易受环境因素影响（环境温度，空气中的灰尘等）。

b）对于光亮或者抛光的金属表面的测温读数影响较大。

c）只限于测量物体外部温度，不方便测量物体内部和存在障碍物时的温度。

（2）用途。红外线测温仪被广泛应用于电力线路巡视、检修和变电运行工作中，在运行及带电条件下检测动力设备、配电设备、电缆、电器接头等温度是否异常，以发现电气设备缺陷。图1-3-68所示为红外测温仪。

图1-3-68 红外测温仪实物图

3. 夜视仪

夜视仪是一种以像增强器为核心器件的夜间外瞄准具，其工作时不用红外探照灯照明目标，而利用微弱光照下目标所反射光线通过像增强器在荧光屏上增强为人眼可感受的可见图像来观察和瞄准目标。红外夜视仪是利用光电转换技术的军用夜视仪器。它分为主动式和被动式两种：前者用红外探照灯照射目标，接收反射的红外辐射形成图像；后者不发射红外线，依靠目标自身的红外辐射形成热图像，故又称为热像仪。

红外夜视仪广泛应用于配电线路夜间巡视。图 1-3-69 所示为红外夜视仪。

图 1-3-69　红外夜视仪实物图

4 配电线路电气识图

4.1 电气图的基本知识

电气工程图是用图的形式来表示信息的一种技术文件，主要用图形符号、简化外形的电气设备、线框等表示系统中有关组成部分的关系，是一种简图，简称电气图。

4.1.1 电气图的结构与特点

1. 电气图的定义

电气图是一种以电气图形符号、带注释的图框或简化外形等规定的图形并附以相应的工作参数的表格、文字等内容反映电气系统、电气设备、设备中各组成部分的相互关系或连接关系，并附以提供电气系统或电气设备、成套装置工作参数的表格、文字等内容的图形。电气图示例如图 1 - 4 - 1 所示。

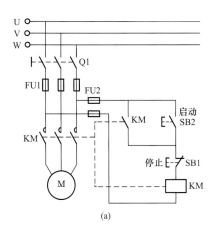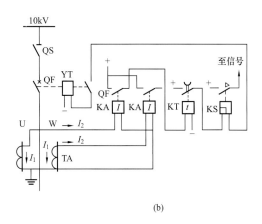

图 1 - 4 - 1 以图形符号表示的电气图示例
(a) 电动机启动控制原理图；(b) 10kV 线路的过电流部分原理接线图

电气图是一种简图，不需要严格按几何尺寸或绝对位置进行测绘。电气的主要描述对象是电气元件的工作原理、电气产品构成结构、电气设备的安装几何尺寸和基本功能，为使用或维护者提供设备或元件的安装、检测及使用、维护信息。

2. 电气图的特点

(1) 简洁。简洁是电气图的主要表现特点。电气图中没有必要画出电气元器件的外形结构，采用标准的图形符号和带注释的框，或者简化外形表示系统或设备各组中各组成部分相互关系。不同侧重表达电气工程信息会用不同形式的简图，电气工程中绝大部分采用简图形式。

(2) 组成。元件和连接线是电气图的主要组成。电气设备主要由电气元件和连接线组成，因此无论是电路图、系统图，还是接线图和平面图，都是以电气元件和连接线作为描述的主要内容。电气元件和连接线有多种不同的描述方式，从而构成了电气图的多样性。

（3）独特要素。一个电气系统或装置通常由许多部件、组件构成，这些部件、组件或者功能模块称为项目。项目一般由简单图形符号表示。每个图形符号都有对应的文字符号。设备符号和文字符号一起构成了项目代号，设备编号是为了区别相同的设备表示方式。

（4）布局。电气图的布局方法一般有功能布局法和位置布局法。

功能布局法：图中元件的位置只考虑元件之间的功能关系，而不考虑元件的实际位置的一种布局方法，比如电力系统图、电气设备控制图等。

位置布局法：元件的位置对应于元件实际位置的一种布局方法，比如配电线路横担安装图、配电线路路径图等。

（5）多样性。可用不同的描述方法，如能量流、逻辑流、信息流、功能流等，形成不同的电气图。

4.1.2　电气图的分类

根据电力系统工作的不同需要，电气图的表达方式也不一样。就配电线路而言，一般有系统图、电路图、接线图、设备安装图、电路线路工程图（含线路路径图和线路安装图）等。

1. 系统图（或框图）

电力系统图是用符号或带注释的框概略表示系统或分系统的基本组成、相互关系及主要特征的一种简图。例如图1-4-2所示是电力系统简图。

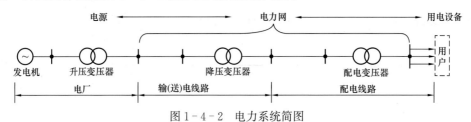

图1-4-2　电力系统简图

2. 电路图

电路图是电气图中最常用的表达方式。一个完整的电路图通常由电源、开关设备、用电设备和连接线4部分组成。在电路图中，各种电气元件用图形符号表示，一般情况按工作顺序排列，详细表示电路、设备或成套装置的全部组成和连接关系，而不考虑实际位置。图1-4-3所示是电动机供电系统电路图。

3. 接线图

配电网接线图是由变压器、断路器、隔离开关、导线和电缆等一次设备按要求和顺序连接成表示生产、输送、汇集和分配的电路，配电网接线图表示一次设备的数量和作用、设备间的连接方式以及与电力系统的连接情况。图1-4-4所示为某变电站主接线图。

4. 简图或位置图

表示成套装置、设备或装置中各个项目的位置的图称为简图。一般使用图形符号绘制，用来表示一个区域或一个建筑物内成套电气装置中的元件位置和连接布线。

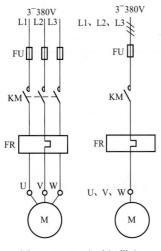

图1-4-3　电动机供电系统电路图

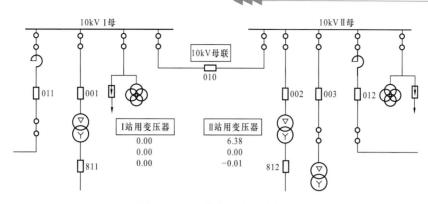

图 1-4-4　某变电站主接线图

5. 设备安装图

设备安装图能正确、合理地表明各种设备安装在厂房内或基础上的方向和位置，以及各设备之间的相互位置关系。设备安装图用以指导在厂房或基础上进行设备的安装工作，是设备安装的重要技术文件。设备安装图一般采用三视图绘制，图上有尺寸和标注。配电变压器安装图如图 1-4-5 所示。

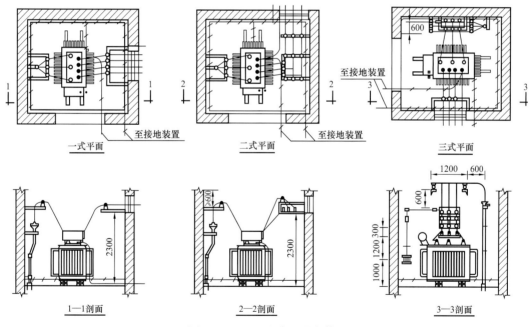

图 1-4-5　配电变压器安装图

6. 配电线路施工图

配电线路施工图包括配电线路路径图和配电线路安装图。

(1) 配电线路路径图。架空电力线路工程路径图的表示方法通常有两种：①用平、断面图的形式来表示；②直接用地形图的形式来表达。

1) 以架空电力线路平、断面图表示。平面图的表达是以线路中心线为基准，将线路所经地域线路通道两侧 50m 以内的平面地物按一定的方式进行测定绘制在平面图上。断面图是对沿线地形的起伏变化的表达，同样是以线路中心线为基准，将线路所经地形地段的高程变化按一定的方式进行测定绘制在断面图上。对线路杆塔位置、规格及线路的档距、里程，除采用规定图形符号在平、断面图上进行标识外，还在图形的下部以文字进行标注。某电力线路平、断面图如图1-4-6所示。

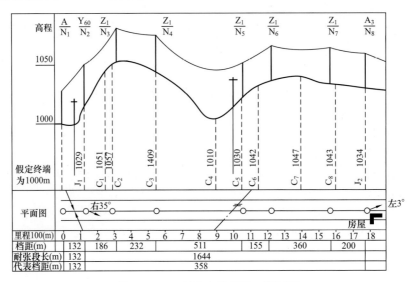

图1-4-6　某电力线路平、断面图

2）以地形图表示。配电线路路径图是表示线路走向及途径地形、地物、地貌和线路跨越等基本特征的图形，路径图通常以平面形式的地形图进行表示。图1-4-7所示为某发电厂到变电站的路径图。

（2）配电线路安装图。配电线路安装图主要是指配电线路金具安装图，包括了横担、金具、绝缘子和拉线安装图。安装图一般包含正视图和俯视图，此外在安装图要标注准确的安装尺寸，每份安装图还应配上详细安装部件表。图1-4-8所示为某直线杆横担安装图。

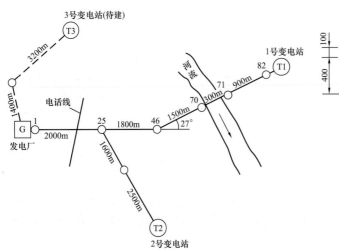

图1-4-7　某发电厂到变电站路径图

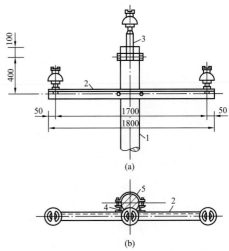

图1-4-8　某直线杆横担安装图

（a）正视图；（b）俯视图

1—混凝土杆；2—角铁横担；3—头部铁；

4—抱箍螺栓；5—抱箍

4.2 电气图的识读

4.2.1 常用电气及配电线路工程图的符号

图形符号是通过书写、绘制、印刷或其他方法产生的可视图形，以简明易懂的方式来传递实物或概念，提供有关的条件及动作信息的工业语言。

1. 文字符号

(1) 文字符号的组成。常用电气设备的文字符号由基本文字符号和辅助文字符号两部分构成。

1) 基本文字符号。

基本文字符号分单字母符号和双字母符号。

a) 单字母符号。用拉丁字母将各种电气设备、装置和元器件划分为 23 大类，每大类用一个专用单字母符号表示。如 R 为电阻器，Q 为电力电路的开关器件类等。

b) 双字母符号。表示种类的单字母与另一字母组成，双字母符号中的另一个字母通常选用该类设备、装置和元器件的英文名词的首位字母，或常用缩略语，或约定俗成的习惯用字母。

2) 辅助文字符号。辅助文字符号表示电气设备、装置和元器件以及线路的功能、状态和性质，它一般放在基本文字符号后边，构成组合文字符号。同一电气单元、同一电气回路中的同一种设备的编序用阿拉伯数字表示，标注在设备文字符号的后面；不同的电气单元、不同的电气回路中的同一种设备的编序用阿拉伯数字表示，标注在设备文字符号的前面。

(2) 特定导线标记。电气图形中的三相交流电源，分别用 U、V、W 或 A、B、C 表示，也可用 L1、L2、13 表示，几种表示均可使用，但在一本书中要求全书统一。中性线，用 N 表示；保护接地线，用 PE 表示；不接地的保护导线，用 PU 表示；保护接地线和中性线共用一线，用 PEN 表示；接地线，用 E 表示；直流系统电源的正极、负极、中间线，分别用 +、−、M 或 L_+、L_-、M 表示。

(3) 电器端子标记。交流系统电源的三相导线，采用 A、B、C 表示时，端子相应用 A、B、C 表示；采用 L1、L2、L3 表示时，端子相应用 U、V、W 表示。中性线，用 N 表示；保护接地，用 PE 表示；接地，用 E 表示。

2. 电气图形符号

图形符号是表示设备和概念的图形、标记或字符等的总称。常用的电气图形符号可参考《电气简图用图形符号》(GB/T 4728)。常用图形符号应用的说明如下：

(1) 所有的图形符号，均按无电压、无外力作用的正常状态示出。

(2) 在图形符号中，某些设备元件有多个图形符号，有优选形、其他形式等。选用符号应遵循的原则：尽可能采用优选形；在满足需要的前提下，尽量采用最简单的形式；在同一图号的图中使用同一种形式。

(3) 符号的大小和图线的宽度一般不影响符号的含义，在有些情况下，为了强调某些方面或者为了便于补充信息，或者为了区别不同的用途，允许采用不同大小的符号和不同宽度的图线。

3. 配电线路常见电气符号

（1）配电线路工程常见的电气图形符号。配电线路工程常见的电气符号如表1-4-1所示。

表1-4-1 配电线路工程部分常见图形符号

图形符号	说明	图形符号	说明
	圆形混凝土杆		线路电容器
	铁塔		线路断开
	H形混凝土杆		单相接户线
	电缆		四线接户线
	水平拉线		更换电杆
	共同拉线		
	带拉线绝缘子的拉线		单相变压器
	线路跳引线		单杆变台
	弱电线路		
	松树林		地上变台
	草地		撤除电杆
	不明树林		三相接户线
	独立树		线路转角度
	湿地		杆号、电杆高度表示法。1、2为杆号，10、12为杆高
	高山		三相变压器
	岩石		双杆变台
	方形混凝土杆		建筑物（5点表示五层楼房）
	木杆		阔叶林
	H形木杆		杨柳树林
	普通拉线		针叶树林
	V形拉线		
	弓形拉线		果园
	带撑杆的电杆		
	线路		沙滩
	撤除导线		湖泊
	电杆移位		江桥

（2）架空配电线路电杆常用图形符号。架空配电线路电杆常用图形符号如表1-4-2所示。

表1-4-2 架空配电线路电杆常用图形符号

图形符号	说明	图形符号	说明
⊙	架空线路通用符号，包括电力、通信架空线路	⊙─●	单接腿杆（单接杆）
⊙A-B C	电杆一般符号（单杆、中间杆），可加注文字符号表示：A—杆材或所属部门；B—杆长；C—杆号	⊙──●	双接腿杆（双接杆）
		⊙──●	引上杆（小黑点表示电缆）
⊙	特型杆，用文字符号表示：H—H形杆；L—L形杆；A—A形杆；△—三角杆；♯—四角杆；S—分区杆；转角杆标注转角度数	⊙─→ 或 ⊙─┤	有V形拉线的电杆
⊙─┤ 或 ⊙─┤	分别表示带撑杆的电杆和带撑拉杆的电杆	⊙─→⊙ 或 ⊙─⊙─┤	有高桩拉线的电杆
		⊙	电杆保护用围桩（河中打桩杆）
⊙─┤ ⊙	拉线一般符号（示出单向拉线）	─⊙ a b/c Ad	带照明灯的电杆的一般画法：a—编号；b—杆型；c—杆高；d—灯泡容量；A—照明线连接相序

（3）架空配电线路电杆常用的分类代号。架空配电线路电杆常用的分类代号如表1-4-3所示。

表1-4-3 架空线路电杆常用分类代号

代号	含义	代号	含义
Z	直线杆	ZF_2	直线电缆分支
J	转角杆	JF_1	转角分支杆（架空）
ZJ_1	单针转角杆	JF_2	转角分支杆（电缆）
ZJ_2	双针转角杆	K	跨越杆
N	耐张杆	D_1	终端杆（架空引入）
NJ_1	耐张转角杆（45°以下转角）	D_2	高压架空引入避雷器
NJ_2	十字横担耐张转角杆（45°以上转角）	D_3	一根电缆引入
NJ_3	直线架空T字分支杆	D_4	二根电缆引入

4.2.2 配电线路电气图的识读

1．一般电气图的识读方法

（1）结合电工、电子技术的基础知识。各种输变配电、电力施动、配电检测用仪器仪表、照明、家用电器等的电路或线路都是依据工作原理，按一定的规律合理地连接在一起的，而这种合理的连接都是建立在电工与电子技术理论基础上的。因此，要想迅速、无误地读懂电气图，具备一定的电工、电子技术的基础知识是十分必要的。例如，电力拖动常用的三相笼型异步电动机的双向控制（即正、反转控制），就是基于电动机的旋转方向是由三相电源的相序来决定的这个原理，采用两个交流接触器或倒顺开关来实现的，它是通过改变提供给电动机电源的相序，来达到正、反转控制目的的。

（2）结合典型应用电路。典型应用电路是典型应用时的基础电路，这种电路的最大特点是既可以单独应用，也可以进行扩展后应用。电气线路的许多电路都是由若干个典型应用电路组合而成的，常见的典型应用电路有电动机启动、制动、正反转控制、过负荷保护、时间控制、顺序控制及行程控制等电路。

因此，熟悉了各种典型应用电路，在识读电气图时，就可以将复杂的电气图划分为一个一个单元的典型应用图，由此就能有效、迅速地分清主次环节，抓住主要矛盾，从而可以读懂任何复杂的电路图。

（3）结合电气元器件的结构和工作原理。电气线路都是由各种电气元器件和配线组合而成的，如配电电路中的熔断器、断路器、互感器、负荷开关及电能表等，电力拖动电路中常用的各种控制开关、接触器和继电器等，在识读电气图时，如果了解了这些电气元器件的性能、结构、工作原理、相互控制关系及其在整个电路中的地位和作用，对于帮助尽快读懂电气图很有帮助。

（4）结合有关图纸说明。图纸说明表述了该电气图的所有电气设备的名称及其数码代号，通过阅读说明可以初步了解该图有哪些电气设备。然后通过电气设备的数码代号在电路图中找出该电气设备，再进一步找出相互连线、控制关系，就可以尽快读懂了该图，同时也可以了解到所识读电路的特点和构成。

（5）结合电气图形符号、标记符号。电气图是利用电气图形符号来表示其构成和工作原理的。因此，结合电气图形符号、标记符号读图，就可以顺利地读懂任何电气图。

2. 配电线路接线图的识读

配电线路接线图一般分为两大类：一是电气接线图，它主要反映电力系统各主要元件之间的电气连接关系，但不反映各发电厂、变电站的相对地理位置；二是地理接线图（线路路径图），它主要显示发电厂、变电站的地理位置，电力线路的路径，以及它们相互间的连接。

配电线路路径图是表现线路走向及途径地形、地物、地貌和线路跨越等基本特征的图形，路径图通常以平面形式的地形图表示，能够反映线路走向、杆位布置、档距、耐张杆、拉线等情况。

3. 架空配电线路平、断面图识读

架空配电线路平、断面图包括平面图、断面图和杆塔明细表3部分。

（1）平面图。

平面图特点：架空线路平面图标注了线路规格走向、回路编号、杆位编号、档数、档距、拉线、重复接地、避雷器等，如果是电缆线路应标注线路走向、回路编号、电缆型号及规格、敷设方式、人（手）井位置。

2）平面图识读：

a）线路平面图就是线路在地平面上的布置图，也就是线路的俯视图，但主要用符号来表示，是一种简图。

b）线路平面图要求严格，有比例要求（1/2000）。

c）线路平面图包括线路走向、杆位布置、各种杆塔档距、里层、标高、耐张段长度、拉线情况、代表档距等，是输配电线路最主要的图形。

　　d) 识读平面图必须要熟悉常用电气图形符号、杆塔分类型号及命名方法。

　　（2）断面图。

　　1）线路断面图要求严格，有比例要求（1/500）。

　　2）线路断面图包括沿线路中心线的断面导线，杆塔位置及交叉跨越和地面物的位置、标高、里层、杆塔编号、杆塔型式、弧垂线等。

　　常见的电力线路断面图符号如表1-4-4所示。

表1-4-4　　　　　　　　　　　　　常见电力线路断面图符号

名称	符号	名称	符号	名称	符号
直线杆	┼	公路	//	低注地	⬭
耐张杆	╽	河道	//河/	通信线	─○─○─♈
转角杆	⋎	池塘	◯	电力线	高压 ─◆─♈ 低压 ─◆─⊤
直线转角杆	⋎̅	桥梁	)[[	树林	∘∘∘∘∘
换位杆	┼	房屋	⊠	稻田	↑↑↑↑↑
铁路	▬▬▬	高地	⬭	旱田	⫟⫟⫟⫟

　　（3）杆塔明细表。

　　杆塔明细表包含了线路平断图上的设计、施工所需要的各种数据，它同平断面图相对应。

　　××线路明细表表1-4-5所示。

表1-4-5　　　　　　　　　　　　　　××线路杆塔明细表

杆号	杆型	杆高(m)	档距(m)	交叉跨越	耐张段长度(m) / 代表档距(m)	地质	底盘 个数(个)	底盘 埋深(m)	拉线盘 个数(个)	拉线盘 埋深(m)	接地电阻(Ω)	备注
N₁	A	15			132	黏土	2	1.5	4	2	10	瓷瓶倒挂
N₂	Y₆₀	15	132	10kV线路	132	碳岩	2	1.5	4	2	30	
N₃	Z₁	18	186		1644（右35°）	碳岩	2	1.5	2	2	30	
N₄	Z₁	15	232			碳岩	2	1.5	2	2	30	
N₅	Z₁	15	511	二线电话线		碳岩	2	1.5	2	2	30	
N₆	Z₁	15	155		358（左3°）	黏土	2	1.5	4	2	15	
N₇	Z₁	15	360			黏土	2	1.5	4	2	15	
N₈	A₃	15	200			碳岩	3	1.5	2	2	30	

4. 配电线路安装图识读

配电线路安装图种类很多，包括配电线路杆塔金具、横担、绝缘子、拉线和配电装置安装图。这里主要讨论配电线路杆塔金具、绝缘子、拉线安装图。

识读配电线路安装图要点：

（1）注意安装图表现方式：配电线路安装图至少有主视图、俯视图两大部分，能够较全面反映改材料或设备的安装位置。

（2）注意安装图所标注安装尺寸：在安装图有安装材料尺寸、安装位置准确尺寸，单位一般为 mm，在识读时特别注意。

（3）注意安装图配备材料明细表：在材料明细表中有安装图所涉及的材料名称、规格和数量，便于在实际安装时配料。

4.3　配电线路施工图

4.3.1　配电线路路径图

配电线路路径图是配电线路工程中的主要图形技术资料，由于配电线路（包括农网配电线路）电压等级低，加上供电半径小，所以，线路途径的地域范围相对较小，因此，配电线路工程及路径表达可以直接用地形图的形式来表示。下面通过实例来分析配电线路路径图。

例 1：图 1-4-7 是某一区域 10kV 架空电力线路平面图，主要表示发电站到 1～3 号变电站线路的布置，对该线路平面图进行说明。

分析：该线路平面图描述的主要对象是发电站至 1 号变电站（T1）10kV 架空电力线路路径图，通过对该图的阅读分析可以明确：

（1）该线路共分为 5 个耐张段：第 1 耐张段，1～25 号杆，2000m；第 2 耐张段，25～46 号杆，1800m；第 3 耐张段，46～47 号杆，1500m；第 4 耐张段，70～71 号杆，300m，跨越河流；第 5 耐张段，71～82 号杆，900m。

（2）线路全长：$L=2000+1800+1500+300+900=6500(m)=6.5km$。

（3）杆型：终端杆，1 号杆，82 号杆；分支杆，25 号杆；转角杆，46 号杆，转角 27°，采用 30°杆；跨越杆，70 号杆、71 号杆，跨越河流；直线杆。

2 号变电站（T2）的分析方法类似。

4.3.2　配电线路平、断面图

对于 10kV 以下的架空电力线路，特别是在线路经过地域的地形不太复杂的情况下，一份线路平面图，加上必要的文字说明，基本上可以满足施工要求。但对于 10kV 以上的线路，尤其是地形比较复杂时，单一的线路平面图还不足以对线路描述清楚，还应有一线路纵断面图。

架空线路的纵断面图是沿线路中心线的剖面图。通过对纵断面图可以看出线路经过地段的地形断面情况，各杆位之间地坪相对高差，导线对断面距离、弧垂及交叉跨越的立面情况，因此，纵断面图对指导施工具有重大意义。通常，为了使图更加紧凑、实用，常常就将平面图于纵断面图合并，绘制成断面图。

断面图是平断面图的重要组成部分，其特点和表现的主要内容有：

（1）断面图上有表示线路测量确定的桩位。

（2）图上能够标示桩位和杆位的高程。

（3）在断面图上按比例画出了杆高与交叉跨越的高度，并大致地画出了导线弧垂及其各种限距。

（4）与这种平、断面图配套的还有线路明细表。平面图与断面图虽然能够比较清楚地表现架空线路的一般情况，但对于杆位情况却表现不够充分，杆位是埋设电杆的，电杆规格、杆型、挖坑深度、拉线坑等情况应具体表明。因此，除了平面、断面图以外，还应有一张说明杆位具体情况的图纸，称为杆塔明细表。

例2： 图1-4-6为某线路平、断面图，请对图进行识读。

分析：

（1）在该平面图中画出了线路（导线、电杆）的布置和走向，下方有相关的里程和有关数据。

（2）平面图中只画出了线路沿线十几米宽的狭窄地形、地物及交叉跨越情况。在图中，1号、2号杆跨越了10kV线路，4号、5号杆跨越了通信线路，8号、9号杆跨越了房屋等。2号杆是转角直线杆（右转35°），8号杆为转角A形杆（左转角3°）。

（3）里程表，每100m为1档。各杆之间的档距：4号、5号杆为511m。耐张段长：比如该线路有两个耐张段，分别为132、1644m。代表档距，分别为132m（孤立档）和358m。

（4）从断面图中可知，线路桩位有两种：转角桩J1、J2，其他为直角桩（C_1～C_8）。

（5）桩位与高程：J1桩为1029m，比起点高29m；C_2桩为1057m，比起点高57m；其他各点高程可以从图中量出。

（6）在断面图上还标出了杆高与交叉跨越物的高度，并大致画出了地形的弧垂及各种限距。如1号杆与2号杆之间的导线与10kV线路交叉跨越的垂直距离大约为8m，4号、5号杆之间的导线对地距离最短处大约为9.5m。

（7）杆型：对应的每根杆都标出了杆型和杆号。N_1杆，杆型为A；N_2杆，杆型为Y60°，这是转角60°的转角杆。分段用的耐张杆，N_1～N_7为直线杆，N_8为耐张杆，杆型为A_3型。

对照图1-4-6和表1-4-2可以看出，表中的许多内容，例如电杆底盘、拉线盘、接地电阻，还有很多未列出的内容，如拉线规格，线路防振等，是图不便于表现的内容。但表中的内容，如杆型、档距、交叉跨越、耐张段长度与代表档距等，在图中已经表示清楚了。将上述内容与杆位有关部分简练地集中在一张表格中表示出来，能使读者对杆位有一个完整的概念，是指导施工和维修的重要图纸。

在表中还可以看出每一个杆位的具体情况，如N1号杆：杆型为A，杆高为15m，杆位处地质情况为黏土；电杆底盘2个（表示为双杆），埋深为1.5m；拉线盘4个（4根拉线），埋深为2m；该电杆接地良好，接地电阻小于10Ω；绝缘子倒挂，可以避免雨水沉积在悬式绝缘子上。

对于每一耐张段，杆位明细表表现得比较清楚。例如表1-4-5中，第1耐张段为孤立档，档距、耐张段长度、代表档距均为132m；第2耐张段为6档，耐张段长度为1644m，

耐张段代表档距为 $\sqrt{\dfrac{186^3+232^3+511^3+155^3+360^3+200^3}{186+232+511+155+360+200}}=358m$。

4.3.3 配电线路安装图

配电线路安装图包括配电线路杆塔附属设施（包括杆塔金具、绝缘子、横担和拉线）安

装图和配电设备（高压跌落式熔断器、避雷器和接地装置、柱上断路器和负荷开关、配电变压器）安装图。

1. 配电线路杆塔附属设施安装图

识读该类图形要注意以下几点：

（1）该类图一般有正视图和俯视图，在图上有明确的安装尺寸。

（2）识读该类图一定要熟悉杆塔金具、绝缘子等设施的种类、规格和型号，以便正确选择和组装，一般的安装图均配有材料明细表。

（3）杆塔附属设施在安装时必须遵循《电气装置安装工程 35kV 及以下架空电力线路施工及验收规范》（GB 50173—1992）、《架空配电线路及设备运行规程》（SD 292—1988）相关条例要求。

例3：识读图 1-4-9 所示的某终端杆安装图。

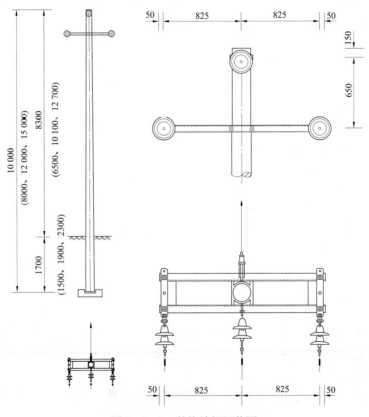

图 1-4-9 某终端杆组装图

分析：

（1）该杆塔为混凝土电杆拔梢杆（终端杆），杆高 10m，埋深 1.7m，采用了底盘，杆顶用了双合抱箍，一边连绝缘子，一边连楔形线夹。

（2）本杆塔为典型的 10kV 线路，共用了 XP 型绝缘子 6 片，每相 2 片，顶相绝缘子安装在双合抱箍一侧，抱箍安装位置距杆梢 150mm。

（3）本杆塔常用角铁双横担规格为 70mm×7mm×1750mm，横担距杆梢 800mm，横担安装使用 4 根 M16×280 的双头螺栓，两相绝缘子安装时通过直角挂板连在角铁挂座上。

（4）材料具体的种类、规格和数量见表1-4-6。

表1-4-6　　　　　　　　杆塔材料明细表

序号	名称	型号	单位	数量	备注
1	水泥电杆	$\phi150\times10\ 000$	根	1	
2	横担	$\angle70\times7\times1750$	根	2	根据档距及导线型号选定
3	悬式绝缘子	XP-70	片	6	
4	直角挂板	Z-7	副	3	
5	球头挂环	QP-7	个	3	
6	单联碗头	W-7B	个	3	
7	耐张线夹	NLD-	个	3	根据导线型号选定
8	挂线板	$-60\times6\times410$	块	2	
9	拉线抱箍	抱1-163（$\phi150$）	副		
10	楔形线夹	NX-	副	1	
11	UT线夹	NUT-	副	1	
12	拉线棒	$\phi18\times2000$	根	1	
13	拉线板	$-60\times6\times100$	块	2	
14	拉线	GJ-	根	1	设计选定
15	U形环	U-18	副	1	
16	拉线盘	300×600	块	1	
17	方垫片	-4×40	块	12	
18	螺栓	M16×35	副	4	
		M16×280	副	4	
19	铝包带	-10×1	kg	0.3	
20	底盘	600×600	块	1	

2. 配电线路拉线安装图

配电线路拉线主要用于平衡导线对电杆的不平衡张力或用于电杆基础不稳定情况下来维持电杆稳定，正确识读拉线安装图是配电线路检修工作重要内容。

（1）拉线线夹组装图。

例4：识读图1-4-10所示的GJ-35拉线线夹组装图，并列出材料表清单。

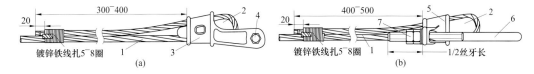

图1-4-10　GJ-35拉线线夹组装图
（a）楔形线夹组装图；（b）UT线夹组装图

分析：

1）图1-4-10（a）中各部分材料名称如下：1—GJ-35钢绞线；2—舌板；3—楔形线

夹；4—连接螺栓。

图1-4-10（b）中各部分材料名称如下：1—GJ-35钢绞线；2—舌板；5—UT线夹；6—U形环；7—螺母。

2）安装方法：进行楔线夹安装时，拉线的回头尾端应由线夹的凸肚穿出，并绕舌板楔在线夹内，舌板大小的方向应与线夹一致，拉线尾细的出头长度为20mm，楔形拉线尾线长300～400mm，UT线夹尾线长度为400～500mm。UT线夹安装时，当拉线收紧后U形螺栓的丝牙应露出长度的1/2，同时，应加双螺母拧紧，最好应采用防水螺帽。

3）线夹各部分材料如表1-4-7所示。

表1-4-7　　　　　　　　　线 夹 材 料 表

序号	名称	规格	数量
1	钢绞线	GJ-35	5kg
2	舌板	与NX-1配套	
3	楔形线夹	NX-1	1
4	连接螺栓	M16×35	1
5	UT线夹	NUT-1	1
6	U形环	U-18	1
7	螺母	M16	4

例5：说明图1-4-11所示拉线线夹安装图中各部分名称。

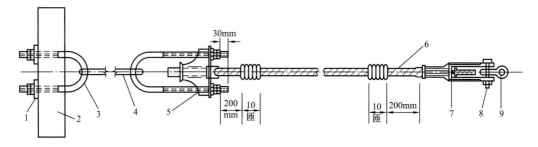

图1-4-11　拉线线夹安装图

分析各部分名称如下：1—大方垫；2—拉线底盘；3—U形螺栓；4—拉线棒；5—UT线夹；6—钢绞线；7—楔形线夹；8—螺母；9—U形挂环。

（2）拉线整体安装图。

例6：说明图1-4-12所示拉线整体安装图中各部分名称

分析：

1）图1-4-12（a）中各部分名称如下：1—拉棒；2—拉盘；3—螺栓；4—UT线夹；5—楔形线夹；6—钢绞线；7—U形环。

2）图1-4-12（b）中各部分名称如下：1—楔形线夹；2—球头挂环；3—拉线绝缘子（悬式代用）；4—碗头挂板；5—UT线夹。

3）图1-4-12（c）中各部分名称如下：6—低压拉线绝缘子；7—线卡子。

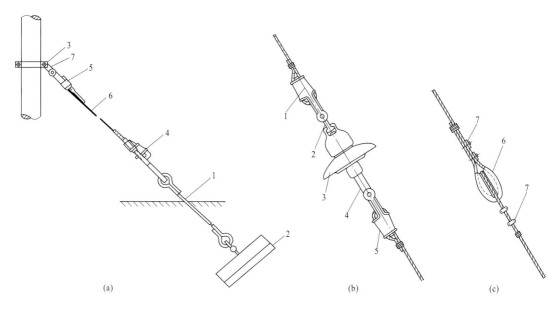

图 1-4-12 拉线整体组装图

(a) 拉线整体安装图；(b) 10kV 带拉线绝缘子组装图；(b) 低压带绝缘子拉线组装图

3. 配电装置安装结构图

配电变压器安装工程量大，一般有专用的图纸，而一般配电设备较为简单，因此这里不讨论配电装置的具体安装图，只研究其配电装置结构图。

（1）配电变压器。

例 7：说出图 1-4-13 中配电变压器各数字标号所指器件名称。

分析：图中配电变压器为中小型电力变压器，各标号的名称如下：1—箱盖；2—箱壳；3—套管；4—散热器；5—热虹吸静油器；6—防爆管；7—储油柜；8—吊环；9—油位计；10—吸湿器。

例 8：说出图 1-4-14 所示跌落式熔断器数字标号的名称。

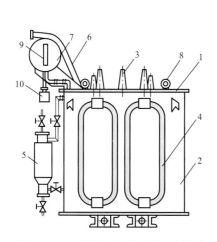

图 1-4-13 配电变压器外形结构图

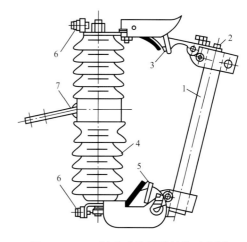

图 1-4-14 跌落式熔断器结构示意图

分析：该跌落式熔断器为 RW3 - 10 型跌落式熔断器，各数字标号名称为：1—熔管；2—熔丝元件；3—上触头；4—绝缘瓷套管；5—下触头；6—端部螺栓；7—紧固板。

例9：说出图 1 - 4 - 15 所示真空断路器各标号的名称。

分析：该图为真空断路器操作机构示意图，图中标号所指的名称如下：1—手动储能杆；2—凸轮；3—棘轮；4—驱动棘轮；5—电动机；6—手动储能拉环；7—手动合闸拉环；8—手动分闸拉环；9—驱动拐臂；10—摆臂；11—手动分闸杆；12—合闸挚子；13—卡板；14—分闸用板；15—拐臂；16—电动分闸杠杆；17—棘轮保护板；18—电磁线圈；19—辅助开关。

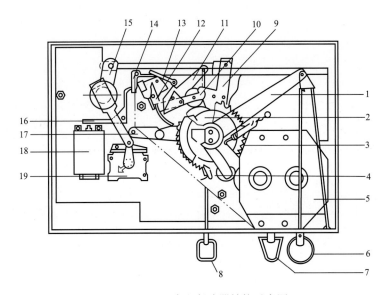

图 1 - 4 - 15　真空断路器结构示意图

第二部分

配电线路检修技能实训

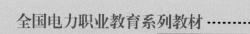
模块 ① 触电急救

一、作业任务

利用电脑心肺复苏模拟人完成触电急救操作，1 人独立完成。

二、引用文件

（1）《国家电网公司生产技能人员职业能力培训规范 第 4 部分：配电线路检修》（Q/GDW 232.4—2008）。

（2）《国家电网公司电力安全工作规程（线路部分）》（国家电网安监〔2009〕664 号）。

三、作业条件

（1）触电者应迅速脱离电源，平置于通风处；

（2）应尽快呼救，同时判断触电者伤情，采取恰当的救治措施；

（3）作业人员应熟知触电急救的各项程序，并经考试合格；

（4）作业人员应具备必要的安全生产知识，熟悉《国家电网公司电力安全工作规程（线路部分）》相关内容，并经年度考试合格。

四、作业前准备

1. 危险点及预控措施

（1）危险点：触电者再次受到伤害。

预控措施：

1）操作人员在使触电者脱离电源之前，应采取可靠措施切断电源，并将电源线挑离，确保操作区域安全，防止人员再次触电。

2）防止触电者脱离电源后可能的摔伤。

（2）危险点：操作人员受到触电伤害。

预控措施：

1）操作人员不可用手、金属及潮湿的物体作为救护工具。

2）操作人员在救护过程中要注意自身和被救者与附近带电设备之间的安全距离。

3）杆上或者高空作业时，操作人员还要注意发生高处坠落的可能性。

（3）危险点：操作人员膝盖受伤。

预控措施：操作人员跪在电脑模拟人前操作时，应在膝盖下垫上跪垫，防止膝盖受伤。

2. 工器具及材料选择

本模块所需要的工器具及材料如表 2-1-1 所示。

表 2-1-1　　　　　　　　　　触电急救所需工器具及材料

序号	名称	规格型号	单位	数量	备注
1	电脑心肺复苏模拟人	CPR230	台	1	
2	数字秒表	DM1-001	只	1	

续表

序号	名称	规格型号	单位	数量	备注
3	医用棉签	50（±5）支	袋	2	
4	医用酒精	100mL	瓶	1	
5	一次性 CPR 屏障消毒面膜		片	2	
6	木棒		根	1	干燥

3. 作业人员分工

作业人员分工如表 2-1-2 所示。

表 2-1-2　　　　　　　　　　触电急救人员分工

序号	工作岗位	数量（人）	工 作 职 责
1	工作负责（监护）人	1	负责作业过程中的安全监督、工作中突发情况的处理、工作质量的监督
2	操作人员	1	专门负责操作

五、作业程序

1. 操作流程

操作流程如表 2-1-3 所示。

表 2-1-3　　　　　　　　　　触电急救操作流程

序号	作业内容	作业步骤及标准	安全措施注意事项	责任人
1	迅速脱离电源	发生低压触电时可采用下列两种方法之一进行处理： （1）立即拉开电源开关或拔除电源插头，或用有绝缘柄的电工钳或有干燥木柄的斧头切断电线，断开电源； （2）用带有绝缘胶柄的钢丝钳、绝缘物体或干燥不导电物体等工具将触电者迅速脱离电源。 发生高压触电时可采用下列方法之一使触电者脱离电源： （1）立即通知有关供电企业或用户停电； （2）戴上绝缘手套，穿上绝缘靴，用相应电压等级的绝缘工具按顺序拉开电源开关或熔断器； （3）抛掷裸金属线使线路短路接地，迫使保护装置动作，断开电源； （4）立即拉开电源开关或拔除电源插头，或用有绝缘柄的电工钳或有干燥木柄的斧头切断电线，断开电源	（1）不能有任何使救护者或触电者处于不安全状况的行为。 （2）操作时间不能超过10s。 （3）触电者未脱离电源前，救护人员不准直接用手触及伤员，因为有触电的危险。 （4）如触电者处于高处，要采取预防触电者自高处坠落的措施，防止触电者触脱电源后自高处坠落。 （5）防止电弧伤人。 （6）救护人员在抢救过程中应注意保持自身与周围带电部分必要的安全距离	
2	脱离电源后的处理	（1）判断触电者意识，10s 内完成下列操作： 1）轻轻拍打伤员肩部，高声呼喊"喂！你怎么啦？"或呼唤触电者名字。 2）无反应时，立即用手指甲掐压人中穴、合谷穴约5s。如伤员出现眼球活动、四肢活动及疼痛感后，应即停止掐压穴位，拍打肩部，不可用力太重，以防加重可能存在的骨折等损伤。 3）呼救。一旦初步确定伤员神志昏迷，应立即呼叫"来人啊！救命啊！"，召唤周围的其他人员前来协助抢救。因为单人做心肺复苏术不可能坚持较长时间，而且劳累后动作易走样。叫来的人除协助做心肺复苏术外，还应立即打电话给救护站或呼叫受过救护训练的人前来帮忙。 （2）摆好触电者体位，5s 内完成下列操作：	（1）动作要熟练，速度要快。 （2）严禁用枕头等物垫在伤员头下。 （3）手指不要压迫伤员颈前部、颌下软组织，以防压迫气道，颈部上抬时不要过度伸展，有假牙托者应取出。 （4）儿童颈部易弯曲，过度抬颈反而使气道闭塞，因此不要抬颈牵拉过度。成人头部后仰程度应为90°，儿童头部后仰程度应为60°，婴儿头部后仰程度应为30°，颈椎有损伤的伤员应采用双下颌上提法	

序号	作业内容	作业步骤及标准	安全措施注意事项	责任人
2	脱离电源后的处理	1) 使伤员仰卧于硬板床或地上,头、颈、躯干平卧无扭曲,双手放于两侧躯干旁。如伤员摔倒时面部向下,调整触电者体位时要注意保护颈部,可以一手托住颈部,另一手扶着肩部,使伤员头、颈、胸平稳地直线转至仰卧,卧在坚实的平面上,四肢平放。 2) 解开伤员上衣,暴露胸部(或仅留内衣),冷天要注意使其保暖。 (3) 通畅呼吸道,5s 内完成下列操作: 1) 采用仰头抬颏法通畅气道:用一只手置于伤员前额,另一只手的食指与中指置于下颌骨近下颏处,两手协同使头部后仰 90°。 2) 迅速清除口腔异物,2s 内完成		
3	呼吸、心跳情况的判定	(1) 判断触电者呼吸,10s 内完成下列操作: 1) 看:看伤员的胸部、腹部有无起伏动作,3~5s 完成。 2) 听:用耳贴近伤员的口鼻处,听有无呼气声音,可与"看"同时进行。 3) 试:用颜面部的感觉测试口鼻有无呼气气流,也可用毛发等物放在口鼻处测试,3~5s 完成。 (2) 判断伤员有无脉搏,10s 内完成操作: 1) 在开放气道的位置下进行(首次人工呼吸后),一手置于伤员前额,使头部保持后仰,另一手在靠近抢救者一侧触摸颈动脉。 2) 可用食指及中指指尖先触及气管正中部位,男性可先触及喉结,然后向两侧滑移 2~3cm,在气管旁软组织处轻轻触摸颈动脉搏动情况。 3) 综合触电者情况判定。触及搏动,有脉搏、心跳;未触及搏动,心跳已停止。如无意识,无呼吸,瞳孔散大,面色紫绀或苍白,再加上触不到脉搏,可以判定心跳已经停止。 4) 婴、幼儿因颈部肥胖,颈动脉不易触及,可检查肱动脉。肱动脉位于上臂内侧腋窝和肘关节之间的中点,用食指和中指轻压在内侧,即可感觉到脉搏	(1) 触摸颈动脉不能用力过大,以免推移颈动脉。 (2) 不要同时触摸两侧颈动脉,以免造成头部供血中断。 (3) 不要压迫气管,以免造成呼吸道阻塞。 (4) 每项检查时间不要超过 10s	
4	不同状态下触电者的急救措施	(1) 神志清醒,呼吸心跳均存在的伤员,应使其静卧,注意伤员保暖,并严密观察伤员的病情变化。 (2) 伤员呼吸存在,但神志昏迷、心跳停止,应采用胸外按压术进行急救。 (3) 伤员心跳存在,但神志昏迷、呼吸停止,应采用口对口或口对鼻人工呼吸方法进行急救。 (4) 伤员神志昏迷,呼吸和心跳均停止时,应同时做胸外心脏按压和口对口(鼻)人工呼吸进行急救	防止吹气量太大造成伤害	
5	口对口(鼻)人工呼吸 2 次	(1) 保持气道通畅,用手指捏住伤员鼻翼,连续吹气 2 次,每次 1s 以上。 (2) 当判断伤员确实不存在呼吸时,应在保持呼吸通畅的位置下,进行口对口(鼻)的人工呼吸 2 次,具体方法是: 1) 用按于前额一手的拇指与食指,捏住伤员鼻孔(或鼻翼)下端,以防气体从口腔内经鼻孔逸出,施救者深呼一口气屏住并用自己的嘴唇包住(套住)伤员微张的嘴。	(1) 5s 内完成操作。 (2) 成人每次吹气量在 1200mL 左右。 (3) 儿童吹气量约为 800mL 左右,以胸廓能上抬时为宜。 (4) 口对鼻的人工呼吸,适用于有严重的下颌及嘴唇外伤、牙关紧闭、下颌骨骨折等难以采用口对口吹气法的触电者	

续表

序号	作业内容	作业步骤及标准	安全措施注意事项	责任人
5		2）用力快而深地向伤员口中吹（呵）气，换气的同时仔细观察伤员胸部有无起伏。如无起伏，说明气未吹进，原因为以下一种或几种：气道通畅不够、鼻孔处漏气、吹气不足、气道有梗阻。 3）一次吹气完后，应立即与伤员口部脱离，轻轻抬起头部，面向伤员胸部，吸入新鲜空气，以便做下一次人工呼吸。同时使伤员的口张开，捏鼻的手也可放松，以便伤员从鼻孔通气，观察伤员胸部向下恢复时，则有气流从伤员口腔排出		
6	胸前扣击	手握空心拳，快速垂直击打伤员胸前区胸骨中下段2次，每次1～2s，力量中等	4s内完成操作	
7	现场心肺复苏CPR	（1）伤员体位：伤员应仰卧于地上或硬板上。硬板长度及宽度应足够大，以保证按压胸骨时，伤员身体不会移动。 （2）按压位置：首先触及伤员上腹部，食指及中指沿伤员肋弓下缘向中间移滑，找到肋骨和胸骨接合处的中点，寻找胸骨切迹，两手指并齐，中指放在切迹中点（剑突底部），食指平放在胸骨干部，另一只手的掌根紧挨食指上缘，置于胸骨上，即为正确按压位置。 （3）按压姿势： 1）将定位之手取下，重叠将掌根放于另一手背上，两手手指交叉抬起，使手脱离胸壁； 2）两臂绷直，双肩在伤员胸骨上方正中，靠自身重量垂直向下按压。 （4）按压用力方式： 1）平稳，有节律，不能间断； 2）不能冲击式的猛压； 3）下压及向上放松时间相等，下压至按压深度（成人伤员为3.8～5cm，5～13岁伤员为3cm，婴幼儿伤员为2cm），停顿后全部放松； 4）垂直用力向下； 5）放松时手掌根部不得离开胸壁。 （5）胸外心脏按压操作中常见的错误： 1）按压除掌根贴在胸骨外，手指也压在胸膛上，这容易引起骨折（肋骨或肋软骨）。 2）按压定位不正确，向下易使剑突受压折断而致肝破裂。向两侧易致肋骨或肋软骨骨折，导致气胸、血胸。 3）按压用力不垂直，导致按压无效或肋软骨骨折，特别是摇摆式按压更易出现严重并发症。 4）抢救者按压时肘部弯曲，因而用力不够，按压深度达不到3.8～5cm。 5）按压为冲击式，猛压，效果差，且易导致骨折。 6）放松时抬手离开胸骨定位点，造成下次按压部位错误，引起骨折。 7）放松时未能使胸部充分松弛，胸部仍承受压力，使血液难以回到心脏。 8）按压速度不自主的加快或减慢，影响按压效果。 9）双手掌不是重叠放置，而是交叉放置。 （6）口对口人工呼吸：保持气道畅通，连续吹气2次，5s内完成	（1）人工呼吸应在体外按压的松弛时间内完成，吹气不能在向下按压心脏的同时进行。 （2）体外按压与人工呼吸比例为30：2，即先进行30次体外按压（按压频率为100次/min）后，再进行2次人工呼吸，时间为16～20s形成循环，50s内完成2个30：2压吹循环（最长不宜超过1min）。为保证操作次数正确，救护者可口数1、2、…、30次。 （3）心肺复苏开始阶段，1min后检查一次脉搏、呼吸、瞳孔，以后每4～5min检查一次，检查时间不超过5s，最好由协助抢救者检查。如此反复循环进行，直到专业医务人员赶到。 （4）操作者应位于触电侧面便于操作的位置。单人急救时应位于在触电者的肩部位置；双人急救时，吹气人应位于触电者的头部附近，按压心脏者应位于触电者胸部、与吹气者相对的一侧。 （5）第二抢救者到现场后，应首先检查颈动脉搏动，然后再开始进行人工呼吸。如心脏按压有效，则可触及搏动，如没有触及，应观察心脏按压者的操作是否正确，必要时应增加按压深度及重新定位。 （6）可以由第三抢救者及更多的抢救人员轮换操作，以保持精力充沛、姿势正确	

序号	作业内容	作业步骤及标准	安全措施注意事项	责任人
8	抢救过程中的再判定	（1）用看、听、试方法对伤员呼吸和心跳是否恢复进行再判定。 （2）在实际进行人工心肺复苏时，应按压吹气 2min 后（相当于抢救时做了 5 组 30：2 按压吹气循环以上），再进行再判断	10s 内完成操作	

2. 操作示例图

（1）迅速脱离电源。

图 2-1-1 为低压电源触电脱离电源方法示意图，图 2-1-2 为高压电源触电脱离电源方法示意图。

 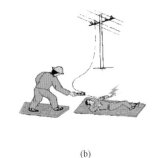 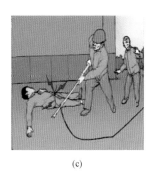

(a)　　　　　　　　　　(b)　　　　　　　　　　(c)

图 2-1-1　低压电源触电脱离电源示意图

（a）拉开电源开关；（b）用有绝缘柄的电工钳切断电线；（c）用干燥不导电物体等工具将触电者迅速脱离电源

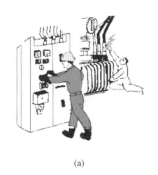  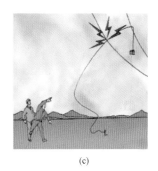

(a)　　　　　　　　　　(b)　　　　　　　　　　(c)

图 2-1-2　高压电源触电脱离电源示意图

（a）通知供电部门拉闸停电；（b）用绝缘操作杆拉开跌落式熔断器；

（c）抛掷金属软导线，人为造成短路，迫使电源跳闸

（2）判断伤员意识和摆放伤员体位。

图 2-1-3 为判断伤员意识示例图，图 2-1-4 为摆放伤员体位示例图。

（3）通畅呼吸道。

图 2-1-5 为压头抬颏法示例图，这种方法的作用是使头仰起，图 2-1-6 为清除口腔异物示例图。

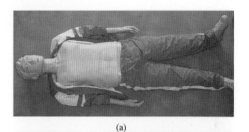

(a)

图 2-1-3　判断伤员意识示例图

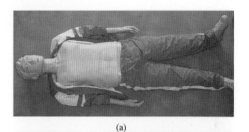

(b)

图 2-1-4　为摆放伤员体位示例图
（a）摆放伤员体位；（b）解开伤员紧身上衣和腰带

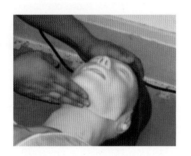

图 2-1-5　压头抬颏法示例图

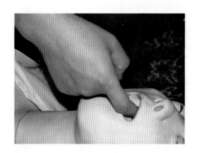

图 2-1-6　清除口腔异物示例图

（4）判断伤员呼吸和脉搏。

图 2-1-7 为判断伤员呼吸示例图，图 2-1-8 为触摸伤员颈动脉示例图。

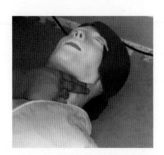

图 2-1-7　判断伤员呼吸示例图

图 2-1-8　触摸伤员颈动脉示例图

（5）现场心肺复苏。

图 2-1-9 口对口吹气示例图，图 2-1-10 为确定正确按压位置示例图，图 2-1-11 为正确按压姿势示例图，图 2-1-12 为观察瞳孔示例图。

图 2-1-9　口对口吹气示例图

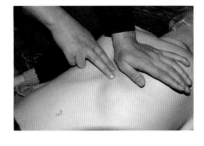

图 2-1-10　确定正确按压位置示例图

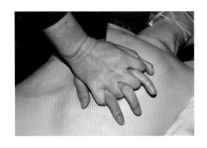

图 2-1-11　正确按压姿势示例图

图 2-1-12　观察瞳孔示例图

六、相关知识

1. 人体触电的几种方式

触电事故的发生多数是由于人体直接碰到了带电体或者接触到因绝缘损坏而漏电的设备，站在接地故障点的周围也可能发生人员触电事故。触电可分为以下几种：

（1）人体直接与带电体接触的触电事故：按照人体触及带电体的方式和电流通过人体的途径，此类事故可分为单相触电和两相触电。单相触电是指人体在地面或其他接地导体上，人体某一部分触及一相带电体而发生的事故。两相触电是指人体两处同时触及两带电体而发生的事故，其危险性较大。此类事故占全部触电事故的 40% 以上。

（2）与绝缘损坏电气设备接触的触电事故：正常情况下，电气设备的金属外壳是不带电的，当绝缘损坏而漏电时，触及这些外壳，就会发生触电事故，触电情况与接触带电体一样。此类事故占全部触电事故的 50% 以上。

（3）跨步电压触电事故：当带电体接地有电流流入地下时，电流在接地点周围产生电压降，人在接地点周围两脚之间出现电压降，即造成跨步电压触电。

2. 触电急救的基本原则

（1）迅速脱离电源：迅速脱离电源是救护触电者的关键。

（2）就地进行抢救：一旦触电者脱离电源，抢救人员必须在现场或附近就地救治触电者。

（3）准确进行救治：施行人工呼吸和胸外心脏按压时，动作必须准确，救治才会有效。

（4）救治要坚持到底：抢救要坚持不断，不可轻率中止。

模块 2 使用单臂直流电桥测量10kV配电变压器高压侧直流电阻

一、作业任务

使用单臂直流电桥测量 10kV 配电变压器高压侧直流电阻。

二、引用文件

(1)《油浸式电力变压器技术参数和要求》(GB/T 6451—2008)。

(2)《电气装置安装工程　35kV 及以下架空电力线路施工及验收规范》(GB 50173—1992)。

(3)《架空配电线路及设备运行规程》(SD 292—1988)。

(4)《国家电网公司生产技能人员职业能力培训规范　第 4 部分:配电线路检修》(Q/GDW 232.4—2008)。

(5)《国家电网公司电力安全工作规程(线路部分)》(国家电网安监〔2009〕664 号)。

三、天气及作业现场要求

(1)接地电阻测量应在良好、干燥天气下进行,在测量过程中,遇到 6 级以上大风以及雷暴雨、冰雹、大雾、沙尘暴等恶劣天气时应停止工作。

(2)测量时配电变压器应停电,高压侧绕组、低压侧绕组应与其他设备断开,且不能接地,以防产生较高的感应电压和较大的测量误差。

(3)测量仪表精确度不低于 0.5 级,仪表与被测绕组端子连接导线必须连接良好。

(4)测量仪表必须有校验合格证。

(5)准确记录被试绕组温度,按规程规定的方法和要求及换算计算方法确定其在被测时的温度下的电阻值。

四、作业前准备

1. 危险点及预控措施

危险点:触电伤害。

预控措施:

(1)测量工作至少由 3 人进行,1 人操作,1 人监护,辅工 1 人。

(2)测量前,配电变压器应处于停电状态。

(3)测量时,应正确穿戴绝缘手套,对测量的配电变压器高压套管充分放电。

(4)测量前,要对配电变压器的外观进行检查清洁。

(5)正确使用单臂电桥,测量完毕,应对配电变压器充分放电。

2. 工器具及材料选择

本模块所需要的工器具及材料如表 2 - 2 - 1 所示。

表 2-2-1 　　　　单臂直流电桥测量10kV配电变压器高压侧直流电阻所需工器具及材料

序号	名称	规格	单位	数量	备注
1	单臂电桥	QJ24	台	1	含测试线、线夹等设备
2	标准电压表（交流0～750V）	APS3005S	台	1	
3	万用表	500 型	支	1	
4	接地线	10kV 等级	套	1	
5	绝缘手套	10kV 等级	双	1	
6	钢刷		把	1	
7	抹布		块	1	
8	笔、记录本		套	1	

3. 作业人员分工

作业人员分工如表2-2-2所示。

表 2-2-2 　　　　配电变压器接地装置接地电阻测量人员分工

序号	工作岗位	数量（人）	工作性质
1	操作电工	1	专门负责操作
2	监护人员	1	专责监护
3	辅助人员	1	辅助接线及记录

五、作业程序

1. 操作流程

操作流程如表2-2-3所示。

表 2-2-3 　　　　配电变压器接地电阻接地装置测量操作流程

序号	作业内容	作业标准	安全注意事项	责任人
1	前期准备工作	（1）履行工作票手续。 （2）现场核对线路名称、杆号、被测配电变压器编号。 （3）检查其他工器具	（1）工作票填写和签发必须规范。 （2）现场查勘必须2人进行	
2	工器具的检查	（1）检查仪器：将单臂电桥平放，检流计指针应指向零位，单臂电桥应有校验合格证。 （2）检查单臂电桥的电池盒是否装有电池，如果没有电池则装入，或者准备电源。 （3）检查万用表的电池是否良好，检查万用表的校验合格证。 （4）检查标准电压表的校验合格证。 （5）对绝缘手套进行外观检查和充气试验及检查试验合格证有效期限	安全用具、工器具外观检查合格，无损伤、变形、失灵现象	
3	测量近似值	（1）正确连接万用表测试线。 （2）将万用表调到200Ω量程上。 （3）将万用表两个探针分别接到A、B两个端子上，待读数稳定后的值即为AB间直流电阻的近似值。 （4）用同样的方法测试BC、CA间的直流电阻	（1）测近似值时表计要准确调零。 （2）要正确选择挡位。 （3）万用表使用完毕后要置于"OFF"	

序号	作业内容	作业标准	安全注意事项	责任人
4	直流电阻测量	（1）检查仪表电池，如果采用外接电源，则将电池盒内的电池取下。 （2）机械调零：调节单臂电桥机械调零旋钮，使检流计指针指向零位。 （3）仪表接线，将被测电阻接在"Rx"的位置上，要求用较粗较短的连接导线，并将漆膜刮净，接头拧紧。若采用外接电源，则将电源线正确连接。 （4）电气调零：将检流计的电源开关"G"和电桥电源开关"B"打开，按下电源按钮B，调节"调零"旋钮使指针置于零位。 （5）选择适当的桥臂倍率，使单臂电桥的4挡都能被充分利用。这样容易把电桥调到平衡，并能保证测量结果的4位有效数字。 （6）按下电源按钮"B"并锁定，在点按检流计的按钮"G"。 （7）从大到小（从"×1000"开始）调整读数盘使检流计指向零位，即电桥平衡。调整的过程中，若检流计指针指向"+"方向，则需增加电阻器值；若指针指向"—"方向，则需减小电阻器值。 （8）测量完毕，先断开检流计按钮"G"，再断开电源按钮"B"，再断开检流计和单臂电桥的电源按钮。 （9）读取数据：被测电阻＝十进电阻器×倍率。 （10）依次测量AB、BC、CA绕组间直流电阻	（1）检查仪器线夹接触是否良好（必要时打磨接触点氧化物），并能正确读数和做好记录。 （2）测试过程中应戴线（或软棉布）手套。 （3）按"G"按钮后若指针满偏，应立即松开"G"，调步进值后再按"G"，以免烧坏检流计	
5	恢复相关装置	（1）作业人员带上绝缘手套，对被测变压器充分放电。 （2）拆除测试线并整齐收好	试验结束后要先放电再拆线，放电时要戴绝缘手套	
6	读数和记录	记录测量结果	准确读取测量结果	
7	现场清理	（1）检查清理变压器无遗留物。 （2）将工器具材料整齐归类装好	（1）不得遗漏工器具、材料等。 （2）单臂电桥读数盘和倍率盘置于初始状态。 （3）若有内置电池，则应关闭内置电源，若表计长久不用，应将电池取出。 （4）将连接线整齐装好	
8	试验报告	（1）正确抄录变压器铭牌及相关信息。 （2）准确记录所测量的绕组间直流电阻值，并计算出线电阻或相电阻之间不平衡度。 （3）$\Delta R = \dfrac{R_{max} - R_{min}}{R_{av}} \times 100\%$ 其中，ΔR 为直流电阻不平衡率；R_{max} 为实测直流电阻中的最大值，Ω；R_{min} 为实测直流电阻中的最小值，Ω；R_{av} 为实测三相直流电阻的平均值，Ω。 （4）根据不平衡度是否在规程允许的范围，从而判定该配电变压器在分接开关调挡后是否合格	（1）变压器铭牌及主要信息要完整抄录。 （2）记录试验时的温度。 （3）数据不得涂改。 （4）要记录试验日期并签名。 （5）1600kVA及以下的变压器，相间差别一般不大于平均值的4%，线间差别一般不大于平均值的2%	

2. 操作示例图

（1）工器具示例图。

图2-2-1为工器具摆放示例图，图2-2-2为接地线示例图。

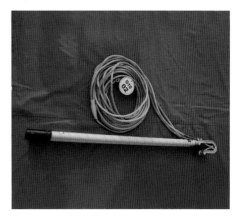

图2-2-1 工器具摆放示例图

1—抹布；2—单臂电桥；3—数字式万用表；
4—温湿度表；5—钢刷；6—绝缘手套；7—笔记本

图2-2-2 接地线示例图

（2）工器具检查示例图。

图2-2-3为工器具检查示例图，图2-2-4为绝缘手套充气试验示例图。

图2-2-3 工器具检查示例图

图2-2-4 绝缘手套充气试验示例图

（3）近似电阻测量和机械调零。

图2-2-5为近似电阻测量示例图，图2-2-6为单臂电桥机械调零示例图。

图2-2-5 近似电阻测量示例图

图2-2-6 单臂电桥机械调零示例图

（4）仪表接线和直流电阻测量。

图 2-2-7 为单臂电桥接线示例图，图 2-2-8 为直流电阻测量示例图。

图 2-2-7　单臂电桥接线示例图　　　　图 2-2-8　直流电阻测量示例图

六、相关知识

1. 配电变压器绕组直流电阻测试

直流电阻不平衡率是变压器测试中的一项重要性能参数，它的大小直接影响到变压器三相绕组的电压、电流的平衡。变压器绕组直流电阻测试是变压器在交接、大修和改变分接头位置后必不可少的试验项目，也是故障后的重要检查项目，通过该项试验可以：

（1）检查绕组接头的焊接质量；

（2）检查分接开关各个位置接触是否良好；

（3）检查绕组或引出线有无折断处；

（4）检查并联支路的正确性，是否存在由几根并联导线绕制成的绕组发生一处或多处断线的情况；

（5）检查层、匝间有无短路的现象；

（6）分接开关的实际位置与指示位置是否相符。

《油浸式电力变压器技术参数和要求》（GB/T 6451—2008）中规定：对于配电变压器，绕组直流电阻不平衡率，相为不大于 4%，线为不大于 2%。生产中配电变压器出现直流电阻不平衡感是由引线结构、绕组材质、生产工艺等多方面的原因引起的。

配电变压器直流电阻测量时采用电桥等专门测量直流电阻的仪器：被测电阻在 10Ω 以上时，用单臂电桥；被测电阻在 10Ω 以下时，采用双臂电桥。

2. 影响变压器直流电阻不平衡率的原因

（1）导线材质对直流电阻不平衡率的影响。导线材质的差异，会导致规格一致的导线，其电阻率可能不一样，若相差较大，则会使所绕制变压器的直流电阻不平衡率超标。导线截面尺寸的窄边、宽边和圆角半径等规定了允许偏差，截面积就有大有小。

（2）引线结构对直流电阻不平衡率的影响。由于变压器的高压绕组电阻相对高压引线电阻要大得多，因而高压引线电阻对高压直流电阻不平衡的影响很小。而变压器的低压绕组电阻通常较小，低压引线电阻的大小对低压直流电阻不平衡率有很大的影响，而且在生产中所发生的直流电阻不平衡率超标也大都由于引线结构上的原因造成的，这一点在低压中性点引出的变压器中表现得尤为明显（电压大于等于 3.3kV 变压器中性点引出）。改善方法：在条件允许的情况下，为减小直流电阻的不平衡，套装器身时，将三个绕组中电阻值最大的线圈套在 b 相；对于中性点引出的，在电阻偏差不大的情况下，可把中性点焊接位置往电阻值大的线包位置靠近；将封线铜排改成截面积较大的铜排，以降低引线电阻对相电阻不平衡的影响。

（3）焊接质量对直流电阻不平衡率的影响。变压器绕组在绕制、装配过程中，绕组本身内部导线与导线的连接以及绕组出头与引线的连接，都是采用铜焊或气焊。当变压器电流较大时，绕组的线匝往往由数根并联导线组成，若出现虚焊，其中有一根甚至几根导线未能焊接牢固，或者绕组的出线与引线的焊接处接触不良，则会引起阻值上升，造成变压器三相直流电阻不平衡过大，以至于超过国家标准。

（4）成品装配环节对直流电阻不平衡的影响。在进行成品装配时，有时由于人为的原因，使得引线与套管导杆间的连接不紧密发生松动，变压器分接开关的动静触头间的接触不良，均可造成直流电阻不平衡率超标，只要使发生问题的部位保证良好接触，就可以基本解决这一问题。如果变压器分接开关的动静触头上存在一定厚度的氧化膜，而且变压器绕组的直流电阻较小，也会使直流电阻不平衡系数超标。

3. 变压器直流电阻测量数值不稳的原因分析和防止措施

（1）过渡过程稳定时间太长。从电工学知道，测量绕组电阻的过渡过程的方程式为

$$U - IR_x + L dI/dt$$

$$I = U/R_x(1 - e^{-\frac{t}{T}})$$

式中　T——时间常数，等于 L/R_x；

　　　R_x——被测绕组电阻；

　　　L——被测绕组电感。

用这一方程式，在瞬时电流 I 达到稳定值 $I=U/R_x$ 过程中，选取不同的充电时间 t 来计算 I。很明显，当 $t=5T$ 时稳定电流达到 99.5% I，尚存在 0.5% 的电流误差，因此在充电时间小于 $5T$ 时测量值会出现不稳定现象（指针指向负端）。变压器高压绕组有很大的电感和较小的电阻，电感达到数百甚至数千亨，而电阻一般在 $1\times10^{-1}\sim1\times10^{2}\Omega$ 之间。这就使得充电时间常数较大（$T=L/R_x$ 较大）。例如：120MVA 变压器测高压绕组测量一个电阻值时充电时间大约 24min，在未稳定以前，电桥一直不平衡，出现测量不稳定现象。

缩短稳定时间的方法：

1）增大电阻的电路突变法，就是在测量电流回路加入一附加电阻，测量时先将其短路，使电流快速上升，然后接入电阻，使电流很快稳定。

2）恒流源加助磁的方法，其基本目的是为了减小电感。当测量低压绕组直流电阻时，使高压绕组通以励磁电流，它等效于在低压绕组加大电流，这样使铁芯磁通密度过饱和，因而电感下降，则时间常数 L/R 下降。

3）使用新型快速的测试仪，如变压器直流电阻测试仪等。

（2）仪器及测量引线的原因。当测量引线接触不好时出现断路，无论是电压回路还是电流回路断线，电桥均不能平衡。当双臂电桥 B 按钮下的触点接触不好时会出现指针左右摆动现象，对此可采取下列措施：

1）测试前保证测量引线完好，触点氧化层处理干净。

2）检查电桥电池正常，对 B 按钮下动合触点的黑色氧化层用砂纸处理。

3）使用新型直流电阻快速测试仪代替电桥测量。

（3）外界干扰使测量数值不稳。当中性点引线不拆时，外界电磁干扰会通过引线传递入

仪器内部使放大器输出有摆动。测量一次绕组，如果二次绕组接地短路线不拆除，二次绕组中有感应电动势，会干扰一次绕组的测量。另外，温度不稳定、不平衡时，也使测量数值不准，温度高的部分出现正偏差，温度低的出现负偏差。

防范措施：

1）测量时尽量使变压器引线全部拆除（包括中性点引线），特别是接地的引线。

2）测量时应保证非被试绕组开路。

3）测量前应保证仪器完好，电池电量充足，需要预热稳定的一定要等仪器稳定后再测量。

4）在温度不稳定情况不尽量避免测试直流电阻，待气温骤变后稳定时再测量，防止变压器内外温差过大，以及日照影响使直流电阻不稳定对测量的准确性造成影响。

模块 3 使用接地电阻仪测量10kV配电变压器接地电阻

一、作业任务

停电测量 10kV 杆架式配电变压器接地装置接地电阻。

二、引用文件

(1)《电气装置安装工程 35kV 及以下架空电力线路施工及验收规范》(GB 50173—1992)。

(2)《架空配电线路及设备运行规程》(SD 292—1988)。

(3)《国家电网公司生产技能人员职业能力培训规范 第 3 部分：配电线路运行》(Q/GDW 232.3—2008)。

(4)《国家电网公司生产技能人员职业能力培训规范 第 4 部分：配电线路检修》(Q/GDW 232.4—2008)。

(5)《配电网运行规程》(Q/GDW 519—2010)。

(6)《电业生产事故调查规程》(国电发〔2000〕643 号)。

(7)《电力安全工器具预防性试验规程》(试行)(国电发〔2002〕777 号)。

(8)《国家电网公司电力安全工作规程(线路部分)》(国家电网安监〔2009〕664 号)。

三、天气及作业现场要求

(1)接地电阻测量应在良好、干燥天气下进行，在测量过程中，遇到 6 级以上大风以及雷暴雨、冰雹、大雾、沙尘暴等恶劣天气时应停止工作。

(2)测量时配电变压器应停电，并需要将接地引下线与配电变压器断开。

(3)拆卸配电变压器接地电阻引下线。

(3)总容量 100kVA 及以上的变压器，其接地电阻不应大于 4Ω，每个重复接地装置的接地电阻不应大于 10Ω；总容量为 100kVA 以下变压器，其接地装置接地电阻不应大于 10Ω，且重复接地不应少于 3 处。

四、作业前准备

1. 危险点及预控措施

危险点：触电伤害。

预控措施：

(1)测量工作至少由 3 人进行，1 人操作，1 人监护，辅工 1 人。

(2)测量前，配电变压器应处于停电状态。

(3)测量时，拆卸和恢复接地引下线时应戴绝缘手套，严禁用手直接接触与断开接地线。

(4)摇动测试仪摇柄时，严禁作业人员接触线柱、测试线和接地探针。

2. 工器具及材料选择

本模块所需要的工器具及材料如表 2-3-1 所示。

表 2 - 3 - 1　　　　　　配电变压器接地电阻测试所需工器具及材料

工具类别	工具名称	工具型号	数量	
专用工具	接地电阻测试仪	ZC - 8	1 台	含测试线、探针等设备
	绝缘手套	10kV 等级	1 双	
个人工具	榔头		1 个	
	平口钳	175mm	1 支	
	活络扳手	250mm	1 支	
		300mm	1 支	
	锉刀	500mm	1 支	
	工具包		1 个	
	笔、记录本		1 套	

3. 作业人员分工

作业人员分工如表 2 - 3 - 2 所示。

表 2 - 3 - 2　　　　　　配电变压器接地装置接地电阻测量人员分工

序号	工作岗位	数量（人）	工作职责
1	监护人员	1	负责本次工作任务的人员分工、工作前的现场查勘、作业方案的制订、召开工作班前会，负责作业过程中的安全监督、工作中突发情况的处理、工作质量的监督、工作后的总结
2	操作电工	1	专门负责操作
3	辅助人员	1	辅助接线及记录

五、作业程序

1. 操作流程

操作流程如表 2 - 3 - 3 所示。

表 2 - 3 - 3　　　　　　配电变压器接地电阻接地装置测量操作流程

序号	作业内容	作业标准	安全注意事项	责任人
1	前期准备工作	（1）履行工作票手续。 （2）现场核对线路名称、杆号、被测配电变压器编号。 （6）检查其他工器具	（1）工作票填写和签发必须规范。 （2）现场查勘必须 2 人进行	
2	工器具的检查	（1）检查仪器：将仪表平放，静态指针对中（指针对准盘面居中线）；检查表的校验合格证。 （2）对接地电阻测试仪进行机械校零和电气校零。 （3）对绝缘手套进行外观检查和充气试验及检查试验合格证有效期限。 （4）活络扳手、平口钳工具包符合质量要求	（1）安全用具、工器具外观检查合格，无损伤、变形、失灵现象。 （2）接地电阻仪校零时，手不能接触仪表接线端子，以防触电伤人	

续表

序号	作业内容	作业标准	安全注意事项	责任人
3	摇表选位	将表放在平整地面上	(1) 保证摇表时不会簸动，影响读数。 (2) 表的位置便于接线	
4	敷设测量电压线、电流线及接地线，打入测试棒	(1) 横线路方向施放电流线（C线）、电压线（P线）。 (2) 在线末端打入测试棒，打磨线与棒接触点	(1) 电流线与电压线要平行不交叉，彼此相距不小于1m。 (2) 测试棒打入地面不小于0.6m	
5	断开配电变压器接地端子	(1) 戴绝缘手套，一次拆卸完全部接地引下线。 (2) 打磨接触点	(1) 拆卸接地引下线，必须戴绝缘手套； (2) 一次性拆卸完配电变压器高压侧、低压侧接地引下线	
6	接地电阻测量	(1) 将电流线、电压线、接地线分布接入测试仪C、P和E端。 (2) 旋转测试仪量程旋钮，使其为最大，旋转测试仪读数盘使其在最大位置。 (3) 旋转摇柄	(1) C、P、E线不能接错。 (2) 摇表的速度由慢到快直到稳定在120r/min。 (3) 当表针不能回到0位时，应及时改变量程。 (4) 当表针指到0位时，继续摇表，持续5s。	
7	读数和记录	(1) 准确读数，记录规范。 (2) 测量值＝量程×表盘读数。 (3) 考虑季节系数时，真实值＝测量值×季节系数	(1) 读数时，双眼正对读数盘。 (2) 读数时，仪表不能晃动，以免读数产生误差	
8	拆除测试线	拆除测试电流线、电压线和接地线		
9	恢复接地极	戴绝缘手套恢复配电变压器与接接地引下线连接	(1) 恢复接地线时必须戴绝缘手套。 (2) 必须打磨各接触点。 (3) 要检查螺栓连接处是否紧密	
10	现场清理	清理工器具，离开现场	(1) 整理测试记录。 (2) 将工器具及仪表装箱。 (3) 现场不能有任何遗留物品	

2. 操作示例图

（1）测试接线图。

图 2-3-1 接地电阻测试接线图。

（2）工器具示例图。

图 2-3-2 所示为个人工器具，图 2-3-3 所示为专用工器具。

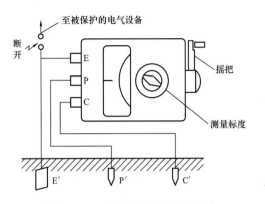

图 2-3-1　接地电阻测试接线图

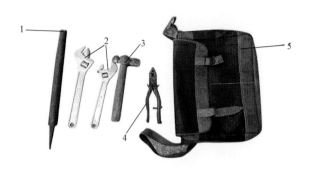

图 2-3-2　配电变压器接地电阻测量个人工器具

1—锉刀；2—活络扳手；3—榔头；4—平口钳；5—工具包

（3）工器具检查图。

图 2-3-4 为工器具检查示例图，图 2-3-5 为绝缘手套充气试验示例图。

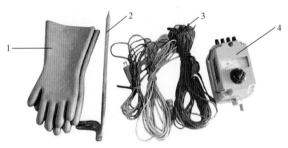

图 2-3-3　配电变压器接地电阻测量专用工器具

1—绝缘手套；2—接地探针；3—测量线；4—绝缘电阻表

图 2-3-4　测试工器具摆放和检查示例图

（4）施放接地线。

图 2-3-6 为施放测试线示例图，图 2-3-7 为打入测试棒示例图。

图 2-3-5　绝缘手套充气试验示例图

图 2-3-6　施放测试线示例图

（5）撤卸和打磨接地引下线。

拆卸和打磨接地引下线如图2-3-8和图2-3-9所示。

图2-3-7 打入测试棒示例图

图2-3-8 拆卸接地引下线示例图

（6）施放测试线和接地电阻摇测。

图2-3-10为施放测试线示例图，图2-3-11为10kV配电变压器接地电阻摇测示例图。

图2-3-9 打磨接地引下线示例图

图2-3-10 施放测试线示例图

六、相关知识

1. 配电变压器的接地装置基本功能

配电变压器接地装置是防止人身触电，防止配电变压器及附属设备遭受雷击，是保障人身安全和电力系统在正常和故障状态下可靠工作的需要。

配电变压器的接地装置按作用可以分为工作接地、防雷接地、保护接地等。

工作接地：通过配电变压器停电部位接地，可以保障配电系统在正常和故障状态下可靠工作，

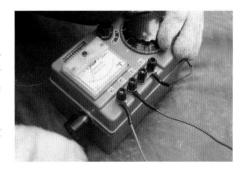

图2-3-11 接地电阻测量示例图

配电变压器工作接地还可以防止负荷不平衡时电压严重偏移，以保证线路故障时保护设施迅速动作，切断故障线路，有利于其他线路、设备安全运行。按规程要求，100kVA及以下配电变压器工作接地电阻小于10Ω，100kVA及以上配电变压器工作接地电阻小于4Ω。

防雷接地：由于10kV线路未架设避雷线，因此常常遭受雷击，当配电变压器遭受雷击时，接地装置可以将雷电流引入大地，以防止雷电损坏配电变压器及设施。按规程要求，

100kVA 及以下配电变压器防雷接地电阻小于 10Ω，100kVA 及以上配电变压器防雷接地电阻小于 4Ω。

保护接地：在低压配电系统中，将中性线上某一点或多点按技术规定和需要与大地再次进行连接。配电变压器的外壳接在接地装置上，避免变压器绝缘损坏时外壳带电，其保护接地电阻小于 10Ω。

2. 接地电阻的要求

(1) 接地电阻的概念。接头体或自然接地电阻的对地电阻和接线电阻的总和，称为接地装置接地电阻。接地电阻等于接地装置对地电压与通过接地体流入大地中电流的比值。它包括接线电阻、接地体电阻、接地体与土壤间接触电阻以及土壤中的散流电阻。由于接地线电阻、接地体电阻、接触电阻相对较小，故通常近似地以散流电阻作为接地电阻。

通过接地体流入地中工频电流求得的电阻称为工频接地电阻，计算公式为

$$R = \frac{U}{I}$$

式中　R——工频接地电阻，Ω；

U——接地装置对地电压，V；

I——接地体流入地中地工频电流，A。

如果接地体流入地中的为冲击电流（雷电流），则通过接地体流入地中地冲击电流求得的接地电阻称为冲击接地电阻，计算公式为

$$R_{ch} = \frac{U}{I_{ch}} = \alpha R$$

式中　R_{ch}——冲击接地电阻，Ω；

U——雷电流电压幅值，V；

I_{ch}——雷电流幅值，A；

α——冲击系数；

R——工频接地电阻，Ω。

雷电流冲击系数一般小于 1，一般规程中未标明为冲击电阻的，都是指工频接地电阻。测量的接地电阻通常也是指工频接地电阻。

(2) 对接地电阻的要求。接地电阻值的大小，是根据接地装置在有接地短路电流流过时允许的对地电压来确定的。从安全角度来讲，接地电阻越小，可能产生的对地电压越低，对人产生的接触电压和跨步电压就低。因此，在施工中接地电阻应小于接地设计规程中上限允许值。

配电装置对接地电阻值要求：

1) 保护配电柱上断路器、负荷开关和电容器组成设备的避雷器的接地线应与设备外壳相连，接地装置接地电阻不大于 10Ω。

2) 1kV 以下电气设备，使用同一接地装置的所有这类电气设备，总容量大于等于 100kVA，接地电阻不宜大于 4Ω，如总容量小于 100kVA，接地电阻允许大于 4Ω，但不大于 10Ω。

3) 与架空线直接连接的旋转电动机进线段上的避雷器接地电阻不宜大于 30Ω。

4) 独立避雷针接地电阻不大于 10Ω。

5）露天配电装置的集中接地装置及独立避雷针（线）接地电阻不大于 10Ω。

3. 接地装置的维护

接地装置是配电系统中的重要组成部分。接地体在正常运行中容易受到自然界影响和外力破坏，容易发生接地体锈蚀中断、接地电阻变化的情况，将影响电气设备和人身安全，因此，对接地装置应该有正常、维护和周期性检查、测试和维修，以确保其安全性能。

（1）加强接地装置资料管理。

（2）接地装置应定期检查和进行周期性测量：

1）接地电阻测量应在干燥季节进行，每年测量 1 次。

2）各种防雷保护接地装置，每年至少测试 1 次。

3）独立避雷器接地装置，一般在每量两季度检查 1 次，接地电阻每 5 年测试 1 次。

4）配电变压器工作接地装置每 2 年测试 1 次。

4. 接地电阻测量中问题

在实际测量配电变压器接地装置接地电阻时必须注意以下问题：

（1）测量接地电阻工作必须在天气晴朗时进行，严禁在雷雨天和雨后测量。

（2）规定的接地电阻值是任何季节不要超过的最高限度，若测量值大于规定值，必须采取措施降低接地电阻值。

（3）测试棒的布置应取与线路或地下金属管道垂直的方向。

（4）应反复测量接地电阻 3～4 次，取平均值。

（5）被测电阻小于 1Ω 时，为了消除接线电阻或接触电阻影响，宜采用 4 端子接绝缘电阻表，测量时将 C2 和 P2 端子短接片打开，分别用导线接到接地体上，并使 P2 接在靠近接地体一侧，如图 2-3-12 所示。

5. 土壤电阻率的测量

土壤电阻率通常由设计单位测定，填写在图纸上，但是由于线路所经过的地域土质条件不尽相同，各个地段的土壤电阻率也不相同，尤其是施工中接地电阻达不到设计要求时，施工部门应对土壤电阻率进行测定。

测定时使用 ZC-8 型接地电阻表。如图 2-3-13 所示，将 4 个接地棒成一直线打入土内，它们之间的间距相等都为 a，接地棒埋深不应小于 $a/20$，一般大于 30mm，4 个旧接地棒与接地电阻表的 C2、P2、P1、C1 4 个接线端子相连接，用与测量接地电阻一样的方法测出电阻值 R，然后根据土壤率的计算公式 $\rho = 2\pi a R$ 计算出土壤电阻率。

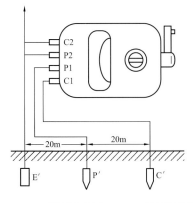

图 2-3-12 被测电阻小于 1Ω 时的测试接线图

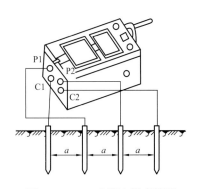

图 2-3-13 土壤电阻率测量

模块 4 使用绝缘电阻表测量10kV配电变压器绝缘电阻

一、工作任务

使用绝缘电阻表完成 10kV 配电变压器绝缘电阻测量。

二、引用文件

(1)《电力变压器 第 3 部分：绝缘水平、绝缘试验和外绝缘空气间隙》（GB 1094.3—2003）。

(2)《电气装置安装工程 35kV 及以下架空电力线路施工及验收规范》（GB 50173—1992）。

(3)《电力设备预防性试验规程》（DL/T 596—1996）。

(4)《架空配电线路及设备运行规程》（SD 292—1988）。

(5)《国家电网公司生产技能人员职业能力培训规范 第 3 部分：配电线路运行》（Q/GDW 232.3—2008）。

(6)《国家电网公司生产技能人员职业能力培训规范 第 4 部分：配电线路检修》（Q/GDW 232.4—2008）。

(7)《配电网运行规程》（Q/GDW 519—2010）。

(8)《电业生产事故调查规程》（国电发〔2000〕643 号）。

(9)《电力安全工器具预防性试验规程》（试行）（国电发〔2002〕777 号）。

(10)《国家电网公司电力安全工作规程（线路部分)》（国家电网安监〔2009〕664 号）。

三、天气及作业现场要求

(1)绝缘电阻测量应在良好、干燥天气（湿度不超过 75％）下进行，在测量过程中，遇到 6 级以上大风以及雷暴雨、冰雹、大雾、沙尘暴等恶劣天气时应停止工作。

(2)测量时配电变压器应停电，配电变压器高低压侧应有明显断开点。

(3)低压侧必须接地，在低压隔离开关出线端验电、挂接地线。跌落式熔断器横担应接地良好。

(4)试验场地保证人身和设备安全，要求必须在周围设围栏，并向外悬挂"止步、高压危险!"标示牌。

(5)测量前被试绕组应充分放电，防止残余电荷对试验人员造成伤害。

(6)在高处作业时必需使用安全带，严禁低挂高用。

(7)变压器技术文件、试验报告和运行记录齐全。

四、作业前准备

1. 危险点及预控措施

(1)危险点：触电伤害。

预控测试：

1) 测量工作至少由 3 人进行，1 人操作，1 人监护，辅工 1 人。

2) 测量时不得触及其他带电设备，防止相间短路。工作中与 10kV 带电部位保持 0.7m 的安全距离。

3) 工作时应有防倒送电的措施。

4) 对被测试端必须进行逐相放电。

(2) 危险点：高空坠落。

预控措施：

1) 使用移动梯子时应有专人扶持，应有限高标志和防滑措施。

2) 在配电变压器台架上测量工作时应使用安全带，安全带并挂在牢固的构件上。

2. 工器具及材料选择

本模块所需要的工器具及材料如表 2-4-1 所示。

表 2-4-1　　　　绝缘电阻表测量 10kV 配电变压器绝缘电阻所需工器具及材料

序号	名称	规格	单位	数量	备注
1	安全带		根	2	
2	安全帽		个	3	
3	梯子	3m	架	1	
4	后备保护绳		根	2	
5	绝缘电阻表	2500V	个	1	
6	绝缘手套	10kV 电压等级	副	1	
7	10kV 放电棒	FDB-10kV	支	1	
8	温湿度表		支	1	
9	高压验电器	10kV	支	1	
10	低压验电器	0.4kV	支	1	
11	高压接地线	10kV	组	1	
12	低压接地线	0.4kV	组	1	
13	绝缘操作杆	10kV	根	1	
14	"禁止合闸，有人工作"标示牌		张	2	
15	围栏		m	若干	
16	平口钳	175mm	支	1	
17	活络扳手	250mm	支	1	
18		300mm	支	1	
19	工具包		个	1	
20	笔、记录本		套	1	
21	电力复合脂		瓶	1	
22	干净白布		m	若干	
23	裸铜线		根	若干	

3. 作业人员分工

作业人员分工如表 2-4-2 所示。

表 2-4-2　　　　　绝缘电阻表测量 10kV 配电变压器绝缘电阻人员分工

序号	工作岗位	数量（人）	工作职责
1	工作负责人（监护人员）	1	负责本次工作任务的人员分工、工作前的现场查勘、作业方案的制定、召开工作班前会，负责作业过程中的安全监督、工作中突发情况的处理、工作质量的监督、工作后的总结
2	操作电工	1	专门负责操作
3	辅助人员	1	辅助接线及记录

五、作业程序

1. 操作流程

操作流程如表 2-4-3 所示。

表 2-4-3　　　　　绝缘电阻表测量 10kV 配电变压器绝缘电阻操作流程

序号	作业内容	作业标准	安全注意事项	责任人
1	前期准备工作	（1）履行工作票手续。 （2）现场核对线路名称、杆号、被测配电变压器编号。 （3）检查其他工器具	（1）工作票填写和签发必须规范。 （2）现场查勘必须 2 人进行	
2	工作许可	（1）按工作票要求，由工作许可人断开低压、高压两侧刀闸（或开关、熔断器），放电、验电、接地、悬挂标示牌。 （2）许可工作	（1）停电先停低压后高压。 （2）验电应用相应电压等级的验电器。 （3）验电应先近侧后远侧	
3	现场交底	工作负责人宣读工作票，交代工作任务、安全措施、注意事项	任务明确，详细交代停电范围、安全措施，现场安全措施完备	
4	工器具的检查	（1）检查仪器：把表摆放平稳后，进行开路和短路试验；检查表的校验合格证。 （2）检查接地线各连线是否可靠。 （3）对绝缘手套进行外观检查和充气试验及检查试验合格证有效期限。 （4）活络扳手、平口钳工具包符合质量要求	（1）安全用具、工器具外观检查合格，无损伤、变形、失灵现象。 （2）绝缘电阻测试机械调零，手不能直接接触测试端子，以防触电伤人	
5	拆开配电变压器连接线	用合适的工具，拆开配电变压器高低压两侧连线，包括避雷器连线，并作临时固定	（1）连线为电缆时，电缆应放电。 （2）与 10kV 带电部位保持 0.7m 的安全距离。 （3）干架式配电变压器台上作业应使用安全带	
6	清理变压器	将配电变压器套管表面擦拭干净，以免造成测量误差。确保配电变压器内部设备与环境温度相同，湿度不能大于 75%，以免造成测量误差	清理过程中防止滑倒或绊倒	

续表

序号	作业内容	作业标准	安全注意事项	责任人
7	测试高对低及地绝缘电阻	(1) 把高压侧的 3 个桩头用短接线相连接，低压侧的 4 个桩头用短接线相连接并接地。 (2) 用测试引线将测试仪"接地"端和低压桩头连接。 (3) 将"电路"端测试引线接于测试桩头，手摇测试仪由转速低到高，保持120r/min左右，记录读数。 (4) 记录读数后，先将"电路"端测试引线与测试桩头分开后，再降低手摇测试仪转速至 0。 (5) 对配变测试桩头放电	(1) 测试导线不得使用双股绝缘线或绞线，应用单股线分开连接。 (2) 测试过程中，为避免电击，不得碰触测试导线和配变，测试后同样不得碰触。 (3) "电路"端测试引线接于测试桩头时应用挂钩钩住，不能绕死。 (4) 测试过程中，如果绝缘电阻迅速下降（到0），应停止测试。 (5) 绝缘电阻应大于表 2-4-4所列允许值	
8	测试低对高及地绝缘电阻	(1) 把高压侧的 3 个桩头用短接线相连接并接地，低压侧的 4 个桩头用短接线相连接。 (2) 用测试引线将测试仪"接地"端和接地连接。 (3) 重复上述（3）～（5）步骤，记录读数	(1) 测试导线不得使用双股绝缘线或绞线，应用单股线分开连接。 (2) 测试过程中，为避免电击，不得碰触测试导线和配变，测试后同样不得碰触。 (3) 绝缘电阻应大于表 2-4-4所列允许值	
9	恢复配电变压器连接线	恢复接线，对接头表面进行清理，并涂导电膏，紧固螺栓	连接应可靠，防止发热	
10	工作总结	(1) 完工后，工作负责人检查确认工作现场人员已撤离。 (2) 工作许可人在接到工作负责人的完工报告后，确认工作完毕，人员已经拆离。拆除所有接地线和警示牌，恢复送电	送电应先送高压后低压	
11	现场清理	清理工器具，离开现场	(1) 整理测试记录。 (2) 将工器具及仪表装箱。 (3) 现场不能有任何遗留物品	

注 不同温度下变压器绝缘电阻值如表 2-4-4 所示。

表 2-4-4　　　　　　　　　不同温度下变压器绝缘电阻值

温度（℃）	5	10	20	30	40	50	60
电阻（kΩ）	675	450	300	200	130	90	60

2. 操作示例图

（1）现场查勘和工器具的检查。

现场查勘和工器具检查如图 2-4-1、图 2-4-2 所示。

图 2 - 4 - 1　现场查勘示例图

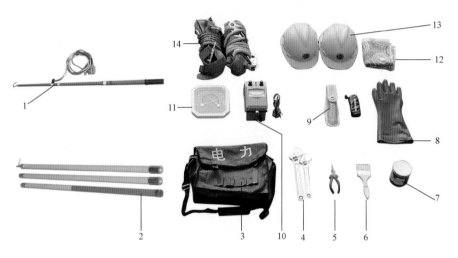

图 2 - 4 - 2　工器具的准备示例图

1—放电棒；2—绝缘杆；3—工具包；4—扳手；5—尖嘴钳；6—刷子；7—导电膏；8—绝缘手套；
9—验电器及高压脉冲发生器；10—绝缘电阻表；11—温度、湿度测试仪；12—抹布；13—安全帽；14—安全带

（2）上杆前准备工作。

上杆前准备工作如图 2 - 4 - 3（安全带冲击试验）、图 2 - 3 - 4（绝缘电阻表的检测）所示。

图 2 - 4 - 3　安全带冲击试验图

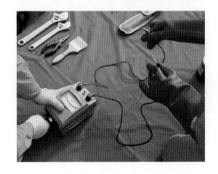

图 2 - 4 - 4　绝缘电阻表的检测

（3）测试前准备工作。

测试前的准备工作如图2-4-5（拆除变压器套管保护套）、图2-4-6（拆卸变压器高压测套管螺帽）所示。

图2-4-5　拆除变压器套管保护套　　　图2-4-6　拆卸变压器高压侧套管螺帽

（4）变压器绝缘电阻测试。

图2-4-7为测试变压器高压侧对低地绝缘电阻示例图，图2-4-8为高压侧套管进行放电示例图。

图2-4-7　测试变压器高压侧对低地绝缘电阻　　图2-4-8　对高压侧导管进行放电示例图

（5）恢复变压器高、低压侧引流线。

图2-4-9为恢复变压器高压、低压侧引流线示例图，图2-4-10为恢复变压器导管保护套示例图。

图2-4-9　恢复变压器高、低压引流线示例图　　图2-4-10　恢复变压器导管保护套示例图

六、相关知识

1. 变压器的分类

（1）按用途可分为电力变压器和特殊用途变压器两大类。

1）电力变电压器。电力变压器是指电力系统中专门用于电能输送的普通变压器。

按用途分为：升压变压器、降压变压器、联络变压器。

按结构分为：双绕组变压器、三绕组变压器、分裂绕组变压器、自耦变压器。

按相数分为：单相变压器、三相变压器。

按冷却方式分为：干式空冷变压器、油浸自冷变压器、油浸风冷变压器、强迫油循环风冷变压器和强迫油导向循环风冷或水冷变压器等。

2）特殊用途变压器。特殊用途变压器是根据不同用户的具体要求面设计制造的专用变压器，主要包括整流变压器、电炉变压器、试验变压器、矿用变压、船用变压器、中频变压器、测量变压器和控制变压器等。

（2）根据变压器发展趋势大致分为以下几类：

1）S9 和 S11 系列油浸式配电变压器。

S9 系列变压器是以增加有效材料用量来降低损耗，主要增加了铁芯截面积以降低磁通密度，高低压绕组均使用铜导线，并加大导线截面，降低绕组电流密度，从而降低了空载损耗和负载损耗。

S11 系列变压器是在 S9 系列变压器的基础上，改进结构设计，选用超薄型硅钢片，进一步降低空载损耗而开发的变压器。

2）密封式变压器。此种变压器从根本上隔绝了变压器油与空气的接触，减小了变压器运行时发生故障的概率。

3）非晶态合金铁芯变压器。因变压器的空载损耗占了能量损耗的主要部分，所以为了降低变压器空载损耗，采用高磁导率的软磁材制，将非晶态合金应用于变压器，制成非晶态合金铁芯变压器。

4）干式变压器。

a）环氧树脂干式变压器：具有电气强度高、机械强度高、过负荷运行能力较好、难燃性和自熄性、电能损耗低、噪声低、体积小、质量轻、安装简单、可免去日常维护工作等技术特点。

b）气体绝缘干式变压器：在密封的箱壳内充以六氟化硫（SF_6）气体代替绝缘油，利用六氟化硫气体作为变压器的绝缘介质和冷却介质。它具有防火、防爆、无燃烧危险、绝缘和防潮性能好、运行可靠性高、维修简单等优点。

c）"赛格迈"干式变压器：这是采用美国杜邦公司的 NOMEX 纸作绝缘的 H 级绝缘"赛格迈"干式变压器。NOMEX 纸具有非常稳定的化学性能，可以连续耐 220℃ 的高温，在起火情不大于 6 时，具有自熄能力；即使完全分解，也不会产生烟雾和有毒气体；电气强度高，介电常数较小。

5）卷铁芯变压器。利用硅钢片制造变压器铁芯主要有叠装式和卷绕式两种形式，后者适用于 630kVA 及以下变压器。

2. 变压器技术参数

（1）变压器的分类及型号。

例如变压器型号 S11 - 8000/10，含义为：S—三相；11—性能水平；8000/10—额定容量 8000kVA，电压等级 10kV。

（2）额定容量 S_N。变压器额定容量是指变压器额定情况下的视在功率，单位为 VA、kVA 或 MVA。

（3）额定电压 U_{1N}/U_{2N}。U_{1N} 是一次额定电压，U_{2N} 是二次额定电压。对三相变压器，额定电压均指线电压，单位用 V 或者 kV 表示。

（4）额定电流 I_{1N}/I_{2N}。额定电流指由发热条件决定的允许变压器一、二次绕组长时间通过的最大电流。对三相变压器，额定电流均指线电流，单位用 A 或 kA。

对三相变压器，有

$$S_N = \sqrt{3}U_{1N}I_{1N} = \sqrt{3}U_{2N}I_{2N}$$

（5）空载电流和空载损耗。

（6）短路阻抗和负载损耗。

3. 电力变压器的结构及特点

电力变压器的基本结构部件是铁芯和绕组，将这两部分装在一起就构成变压器的器身。油浸式变压器通常将器身安放在充满变压器油的油箱里。油箱外还有冷却器、出线装置和保护装置等。

油浸式电力变压器的主要结构和作用：

（1）铁芯：由磁导体和夹紧装置组成，其作用为套装绕组和构成变压器的磁路。

（2）绕组：由绝缘导线和绝缘件组成，是变压器的电路部分，与铁芯一起实现电磁感应。一次绕组通电后建立磁场，二次绕组感应电动势后向负载输出电功率。

（3）油箱：是变压器的外壳，由钢板焊接而成。内装变压器油，变压器油起绝缘和散热的作用。

（4）储油柜：当变压器油的体积随温度变化热胀冷缩时，储油柜起调节油量的作用，减少了变压器油与空气的接触面，从而减缓了油质劣化。

（5）呼吸器：储油柜的下部还装有过滤空气的吸湿器，内部装有硅胶等干燥剂，可以过滤变压器吸入空气中的水分。

（6）气体继电器：储油柜与油箱连通的管道装有气体继电器，构成变压器本体的主要保护（瓦斯保护）。变压器内部严重故障时；重瓦斯保护动作，跳开各侧的断路器，自动切除变压器，而变压器内部轻微故障时；轻瓦斯保护及时动作于信号，提醒运行人员。

（7）防爆管或压力释放阀：容量在 800kVA 及以上带有储油柜的油浸式变压器，还装有与油箱连通的防爆管或压力释放阀。当变压器内部发生故障而箱体压力增加到一定数值时，防爆管隔膜玻璃将被冲破或压力释放阀动作，释放压力，可以防止变压器爆炸事故。

（8）绝缘套管：不仅能固定引线，还可作为引线对地的绝缘。

（9）冷却装置：由散热器、风扇、油泵等组成，散发变压器在运行中所产生的热量，使油温保持在规定范围之内。

（10）温度计：用于测量变压器的上层油温。

（11）分接开关：通过改变分接开关抽头位置，从而调整变压器输出电压。分接开关分为有载分接开关和无载分接开关两种。有载分接开关可以在带电的情况下调整电压；无载分接开关必须切断电源后，才可以调整分接头的位置来改变电压。

油浸式变压器各部分结构如图 2 - 4 - 11 所示，干式变压器各部分结构如图 2 - 4 - 12 所示。

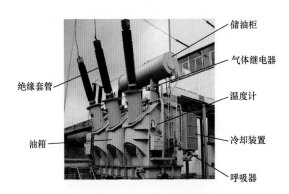

图 2 - 4 - 11   油浸式变压器各部分结构

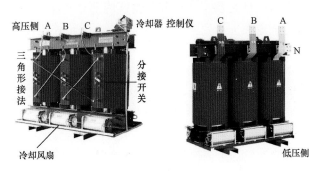

图 2 - 4 - 12   干式变压器各部分结构

模块 5　GJ-35拉线制作安装

一、作业任务

完成 GJ-35 钢绞线拉线制作和安装。

二、引用文件

(1)《电气装置安装工程　35kV 及以下架空电力线路施工及验收规范》（GB 50173—1992）。

(2)《架空配电线路及设备运行规程》（SD 292—1988）。

(3)《国家电网公司生产技能人员职业能力培训规范　第 4 部分：配电线路检修》（Q/GDW 232.4—2008）。

(4)《配电网运行规程》（Q/GDW 519—2010）。

(5)《电业生产事故调查规程》（国电发〔2000〕643 号）。

(6)《电力安全工器具预防性试验规程》（试行）（国电发〔2002〕777 号）。

(7)《国家电网公司电力安全工作规程（线路部分）》（国家电网安监〔2009〕664 号）。

三、天气及作业现场要求

(1) GJ-35 钢绞线拉线制作和安装是室外及杆上作业的项目，高处作业在良好的天气下进行，风力不能大于 6 级，无雷暴雨、大雾。

(2) 工作地段两端已验电，装设接地线，并得到工作负责人的许可，方可开始工作。

(3) 更换架空配电线路耐张、转角、终端、分支杆拉线时，相邻杆塔间下跨带电线路或其他障碍物等，并打好临时拉线。

(4) 作业施工现场应装设围栏，并挂好警示标示牌。

四、作业前准备

1. 危险点及预控措施

(1) 危险点：误登杆塔。

预控措施：作业人员应先核对停电线路的双重名称及编号无误后，才能进行登杆作业。

(2) 危险点：杆塔倾倒。

预控措施：登杆作业前应检查电杆及拉线基础周围有无起土、冲刷、下沉、开挖等，包括电杆纵横向裂纹，电杆的埋深是否满足规程要求，拉线金具是否锈蚀，钢绞线是否锈蚀断股，是否受力不均等。

(3) 危险点：工器具失效。

预控措施：登杆前首先对登杆工具、安全带进行外观检查，脚扣有无脱焊、螺栓销钉是否完好齐全，防滑胶垫是否磨损、脱落，升降板有无裂纹断股、霉变，安全工器具应做冲击试验，登杆工器具是否在试验期内。

(4) 危险点：高处落物伤人。

预控措施：为防止高空坠物伤人，作业现场必须戴好安全帽，作业下方应设围栏，严禁有人在作业下方逗留。

（5）危险点：高处坠落。

预控措施：为防止杆上作业人员高空坠落，杆上作业人员必须正确使用安全带，后备保护绳，不得失去防坠装置安全保护。

（6）危险点：工器具伤人。

预控措施：

1）钢绞线弯曲时用手握紧抓牢，防止钢绞线反弹伤人或划伤。

2）使用木槌时对面不得有人，不应戴手套，防止木槌滑脱或脱落伤人。

2. 工器具及材料选择

GJ-35 型钢绞线拉线制作所需工器具如表 2-5-1 所示。

表 2-5-1 GJ-35 型钢绞线拉线制作所需工器具

序号	名称	规格	单位	数量	备注
1	安全带		条	1	带后备保护绳
2	脚扣（升降板）	变距脚扣	副	1	自选登高工具
3	警告牌、安全围栏		副		作业区域设置
4	挂钩式铝合金滑车	5kN	个	1	
5	断线钳		把	1	
6	平口钳	8in	把	1	
7	活络扳手	10in	把	1	
8	活络扳手	12in	把	1	
9	工具包		个	1	
10	传递绳	ϕ12	根	1	

GJ-35 型钢绞线拉线制作所需材料如表 2-5-2 所示。

表 2-5-2 GJ-35 型钢绞线拉线制作所需材料

序号	名称	规格	单位	数量	备注
1	钢绞线	GJ-35	m	15	根据杆高确定
2	镀锌铁线	ϕ10	圈	2	每圈1.4m
3	镀锌铁扎线	ϕ22	圈	1	圈长度1.5m
4	楔形线夹	NEX-1	套	1	
5	UT线夹	NUT-1	套	1	

3. 作业人员分工

作业人员分工如表 2-5-3 所示。

表 2 - 5 - 3　　　　　　　　　　GJ - 35 型钢绞线拉线制作人员分工

序号	工作岗位	数量（人）	工作职责
1	杆上操作人员	1	负责拉线制作，杆上安装拉线上把
2	辅助人员	1	杆上作业人员到达工作位置无危险后，负责地面辅助，配合杆上作业

五、作业程序

1．操作流程

操作流程如表 2 - 5 - 4 所示。

表 2 - 5 - 4　　　　　　　　　　GJ - 35 型钢绞线拉线制作操作流程

序号	作业内容	作业步骤及标准	安全措施注意事项	责任人
1	前期准备工作	（1）履行工作票手续。 （2）现场核对停电线路名称、杆塔编号。 （3）检查基础及杆塔。 （4）装设安全围栏，悬挂标示牌	（1）工作票填写和签发必须规范。 （2）现场作业人员正确戴安全帽，穿工作服、工作鞋、戴劳保手套。 （3）现场查勘必须 2 人进行，双重编号无误，基础及杆塔完好无异常	
2	工器具、材料摆放和材料检查	（1）在杆塔附近选一较平坦处（有条件可铺好地布），将所有工器具、材料依次摆放好。 （2）检查 NX - 1、NUT - 1 线夹及附件情况。 （3）对金具表面进行检查。 （4）对钢绞线进行检查	（1）线夹、舌板、线槽内、线夹出口不得有毛刺、镀锌层脱落、锈蚀锌等，线夹出口位置应有圆弧成喇叭口。 （2）金具表面不应有砂眼、气饱孔、裂纹等，表面应光洁、平整，接触部分应紧密。 （3）金具焊接牢固无裂纹、夹渣，咬边深度不得超过 1.0mm。表面不得有锈蚀、镀锌层脱落等。 （4）钢绞线的镀锌层不得脱落、锈蚀、散股、损伤或断股现象	
3	拉线上把制作	（1）钢绞线封头理直穿入楔形线夹内。 （2）钢绞线弯曲处画印：根据钢绞线的规格量出尾线长度，GJ - 35 尾线长度［（300±10）mm］，用钢卷尺从钢绞线线头量出 425mm 或 430mm 的距离，量出需要弯曲的位置用记号笔画好印记。 （3）钢绞线弯曲：左脚踩住钢绞线主线侧，左手控制钢绞线弯曲部位，右手捏住钢绞线线头，将钢绞线拉弯曲，然后用膝盖顶住钢绞线弯曲位置，左右手同时用力制成 R 销形状，将钢绞线线尾及主线弯曲位置调整，然后将钢绞线、尾线沿线夹凸肚面穿入线夹。 （4）钢绞线主线应在平面侧，尾线同时套入线夹内放入楔子，楔子与钢绞线弯曲部位拉紧，再用木槌敲紧。 （5）拉线上把扎线：扎线时先将主线、尾线调整平直，扎线用 12 号铁线绑扎，绑扎在钢绞线主线尾线上绑扎长度为（55±5）mm，每圈铁线绑扎紧密且无缝隙，扎线收尾与拉线尾线端应留有 30mm 的距离	（1）将钢绞线从楔形线夹小口穿入，主线应放在平面侧，不得放反。 （2）弯曲位置不得拉成死弯或散股，画印应在弯曲位置中间不得移位。 （3）钢绞线和舌板半圆弯曲位置接触无缝隙和死弯，无散股现象。 （4）扎线时要求主线、尾线平整，扎线首尾收头应在同一侧且在两线之间，绑扎处应进行防腐处理	

续表

序号	作业内容	作业步骤及标准	安全措施注意事项	责任人
4	安装拉线上把	（1）沿一条直线登杆，登至拉线安装位置站位正确并系好安全带。 （2）使用吊绳将拉线上把吊上；吊绳不得同侧使用，拉线上把应拴牢，绳结应正确使用。 （3）挂拉线上把：正确安装楔形线夹螺栓及销钉，螺栓穿向应与拉线抱箍螺栓穿向一致，楔形线夹凸肚朝下。拉线上把安装完毕后，并检查螺栓、开口销到位	（1）登杆前应对电杆、拉线、登杆工具、安全带、个人工具进行检查，登杆动作熟练，正确使用劳动防护用品。 （2）登杆熟练平稳，不得失控。 （3）杆上作业、转位不得失去安全带保护。 （4）杆上作业时工器具不得乱放，防止高处坠物	
5	拉线下把制作	（1）把 UT 线夹拆开，并将 U 形螺丝杆穿入拉线棒环上，与配合人员一起将钢绞线拉紧，比出钢绞线的所需长度并画印，然后再向拉线尾线延长（425mm 或 430mm）的长度再次画印。 （2）剪断钢绞线：钢绞线剪断前两端封头用 18 号细镀锌铁线将剪断处两侧扎紧，剪断钢绞线。 （3）钢绞线穿入 UT 线夹：钢绞线理直穿入线夹方向应正确，由线夹小口套入。 （4）弯曲钢绞线：左脚踩住钢绞线主线，一手控制钢绞线弯曲部位，另一手拉钢绞线线头，进行弯曲，弯曲好后用膝盖顶住钢绞线线夹出口处，左右手将钢绞线尾线及主线弯成开口 R 销模样。 （5）钢绞线、尾线穿入及楔子固定：将钢绞线尾线沿线夹凸肚面穿入线夹，放入楔子并固定、拉紧，用木槌敲打。 （6）尾线长度与位置：尾线长度为（300±10）mm，线夹的凸肚应向地面。 （7）钢绞线尾线绑扎：扎线用 12 号铁线，先顺钢绞线平压一段，再缠绕压紧，绑扎长度为（55±5）mm，且每圈铁线要扎紧，无缝隙。铁线两端头织 3 次成小辫，并且不能超过尾线头，应齐平。小辫应位于两钢绞线中间，平整美观	（1）注意在 U 形丝杆要让出楔形线夹、舌板部分，在丝杆的 2/3 处需要钢绞线弯曲位置画印。 （2）注意第二次画印是钢绞线剪断位置。 （3）钢绞线穿入要求钢绞线和舌板半圆弯曲结合处无缝隙和死角。 （4）钢绞线弯曲过程中要防止钢绞线反弹伤人	
6	安装拉线	（1）UT 线夹螺栓丝杆部分涂刷润滑剂。 （2）线夹套入 U 形丝杆上将螺母戴上，防水面朝上；利用螺栓进行拉线调整	（1）调整拉线时要注意观察电杆是否倾斜。 （2）UT 线夹螺栓调整不得大于丝纹总长的 1/2，双螺母并紧不得少于 20mm	
7	工作终结	（1）杆上作业完成后，立即拆除杆上的工器具及材料并检查。 （2）清理作业现场，工器具清理并归类装好。 （3）拆除围栏，离开作业现场	作业现场不得有遗留物	

2. 操作示例图

（1）现场查勘及工器具摆放。

图2-5-1为GJ-35拉线制作安装工器具摆放示例图。

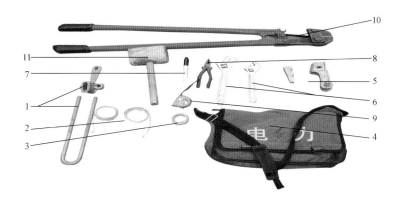

图2-5-1 GJ-35拉线制作工器具及材料摆放示例图

1—UT线夹；2—铁丝；3—绝缘胶布；4—工具包；5—楔形线夹；6—扳手；
7—记号笔；8—钢丝钳；9—钢卷尺；10—断线钳；11—木榔头

（2）钢绞线画印和弯曲。

图2-5-2为拉线上把制作时钢绞线画印示例图，图2-5-3为钢绞线弯曲示例图。

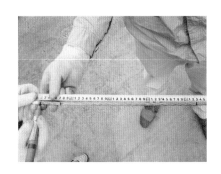

图2-5-2 拉线弯曲位置画印示例图

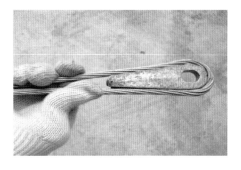

图2-5-3 钢绞线弯曲示例图

（3）拉线上把制作和安装。

图2-5-4为拉线上把制作完成示例图，图2-5-5为拉线上把安装完成示例图。

图2-5-4 拉线上把制作完成示例图

图2-5-5 拉线上把安装完成示例图

（4）UT 线夹（拉线下把）制作和拉线安装。

图 2-5-6 为 UT 线夹（拉线下把）制作示例图，图 2-5-7 为拉线安装完成示例图。

图 2-5-6　UT 线夹（拉线下把）制作示意图　　　图 2-5-7　拉线下把制作完成示例图

六、相关知识

1. 拉线各部分结构和作用

架空线路的拉线一般由拉线盘、拉线 U 形挂环、拉线棒、UT 线夹、钢绞线、楔形线夹、拉线包箍等部分组成，拉线基本结构如图 2-5-8 所示。

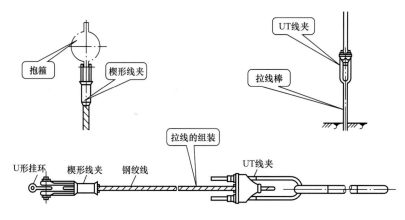

图 2-5-8　拉线的基本结构

在架空线路中，凡承受固定性不平衡荷载比较显著的杆塔，如终端杆、角度杆、跨越杆等，均应装设拉线以使其平衡。同时为了避免线路受大风荷载的破坏性影响，或在土质松软地区为增加电杆的稳定性，也应装设拉线。

2. 拉线的分类

常见拉线的基本类型分为普通拉线、人字拉线、十字拉线、水平拉线、共用拉线、Y 形拉线、弓形拉线、V 形拉线和 X 形拉线，如图 2-5-9 所示。

3. 拉线的受力分析

一般耐张杆拉线的设计，为考虑一侧导线断线时承受另一侧导线的张力，终端杆拉线设计为承受一侧全部导线的张力。拉线的受力分析如图 2-5-10 所示。

终端杆拉线受力为

$$T = P/\cos\theta$$

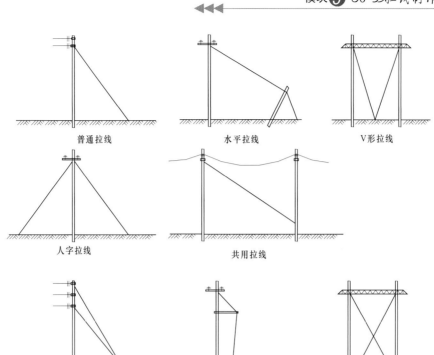

图 2-5-9 各种拉线外形结构示意图

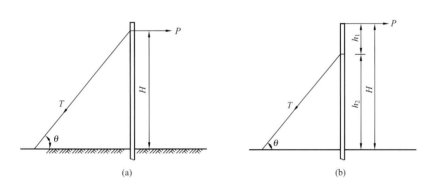

图 2-5-10 拉线受力分析示意图

(a) 终端杆拉线受力图；(b) 耐张杆拉线受力图

式中 T——拉线承受力；

P——导线最大张力；

θ——拉线对地面夹角。

耐张杆拉线受力为

$$T = PH / h_2 \cos\theta$$

式中 T——拉线承受力，N；

P——导线最大张力，N；

θ——拉线对地面夹角；

H——导线最大张力作用点的高度，m；

h_2——拉线着力点（拉线悬挂点）的高度，m。

4. 拉线基本要求

拉线使用镀锌钢绞线，拉线的长度通常由设计计算确定。镀锌钢绞线的最小截面积为 $16mm^2$，拉线制作钢绞线截面积不应小于 $25mm^2$，安全系数不应小于 2。拉线应根据电杆的受力情况设置。通常情况下，一般拉线与电杆夹角以 45°为宜，如因受地形限制，可减小但应小于 30°。拉线安装时电杆向受力反方向预偏杆顶直径的 1/2，外角拉线应设置在线路的外角平分线上，防风拉线应设置在线路的垂直方向。拉线盘、拉线坑深度按受力大小和地质确定，拉盘一般为 0.6m×0.3m、0.8m×0.4m、1.2m×0.6m，拉线坑深度为 1.5~2.2m。拉棒长度应为 1.8~2.8m，拉棒最小直径不得小于 16mm，拉棒应镀锌，拉棒出口应挖马槽，回填后露出地面不得小于 0.5m。对不同腐蚀地区拉棒直径可增大一个规格，还可采取其他的防腐处理措施。

模块 6　使用固定式人字抱杆组立混凝土杆

一、作业任务

在培训场地采用固定式人字抱杆组立 12m 及以下混凝土杆。

二、引用文件

（1）《电气装置安装工程　35kV 及以下架空电力线路施工及验收规范》（GB 50173—1992）。

（2）《架空配电线路及设备运行规程》（SD 292—1988）。

（3）《国家电网公司生产技能人员职业能力培训规范　第 4 部分：配电线路检修》（Q/GDW 232.4—2008）。

（4）《配电网运行规程》（Q/GDW 519—2010）。

（5）《电业生产事故调查规程》（国电发〔2000〕643 号）。

（6）《电力安全工器具预防性试验规程》（试行）（国电发〔2002〕777 号）。

（7）《国家电网公司电力安全工作规程（线路部分）》（国家电网安监〔2009〕664 号）。

三、天气及作业现场要求

（1）组立电杆应在良好的天气下进行，在作业过程中，遇到 6 级以上大风以及雷暴雨、冰雹、大雾、沙尘暴等恶劣天气时应停止工作。

（2）立杆操作必须设专人统一指挥。开工前，应交代施工方法、指挥信号和安全组织、技术措施，作业人员应明确分工、密切配合、服从指挥。

（3）使用抱杆立杆时，主牵引绳、尾绳、杆塔中心及抱杆顶应在同一条直线上。抱杆顶部应固定牢固，抱杆顶部应设临时拉线控制。固定临时拉线时，不准固定在有可能移动的物体上或其他不牢固的物体上。

（4）整立电杆前应进行全面检查，各受力、连接部分全部合格方可起吊。杆顶离地 0.8m 时必须进行一次冲击试验，对各受力点进行检查，确无问题后，再继续起立。

（5）新组立的电杆必须安装临时拉线后才能进行杆上作业。

四、作业前准备

1. 危险点及预控措施

（1）危险点：防触电伤害，防止抱杆、电杆、绳索跌落触及邻近带电线路。

预控措施：

1）邻近线路危及施工安全时应配合停电。

2）如不能停电应采取安全措施并设专人监护。

（2）危险点：防止电杆、抱杆倾倒伤人。

预控措施：

1）要使用合格的起重工器具，严禁超载使用，钢丝绳套严禁以小代大使用。

2）起吊钢丝绳应绑在混凝土杆适当的位置，防止混凝土杆突然倾倒。

3）杆根监视人应站在杆根侧面，下坑操作时应停止牵引。

4）已经立起的混凝土杆，只有安装全部永久拉线后，方可去除牵引绳和临时拉线。

5）立杆过程中始终保持主牵引绳、尾绳、杆塔中心及抱杆顶一条线，抱杆下部要固定牢固，抱杆顶应设临时拉线（风绳），抱杆应受力均匀，两侧风绳应拉好，不得左右倾斜。

（3）危险点：高空落物伤人。

预控措施：

1）作业人员不得在吊件及作业点正下方逗留，全体作业人员必须正确佩戴安全帽。

2）工作场地必须使用安全围栏，无关人员禁止入内。

2．工器具及材料选择

所需要的工器具及材料如表 2-6-1 所示。

表 2-6-1　　　　　　　　固定式人字抱杆整立混凝土杆所需工器具及材料

序号	名称	规格	单位	数量	备注
1	铝合金人字抱杆	300mm×300mm×8m×2	副	1	
2	地锚	30kN	个	8	用铁棒桩代替
3	主牵引钢丝绳	$\phi 12.5 \times 60m$	根	1	钢丝绳
4	风绳	$\phi 9.3 \times 25m$	根	2	钢丝绳
5	钢丝绳套	$\phi 12 \times 3.5m$	根	1	
6	钢丝绳套	$\phi 12 \times 1.5m$	根	6	
7	人力绞磨	5t	个	1	
8	白棕绳	$\phi 18 \times 25m$	根	4	
9	二锤	18磅	根	4	
10	铁滑车	30kN	个	3	
11	钢钎		根	4	
12	U形环	U-7	个	4	
13	卸扣	50kN	个	3	
14	钢丝绳卡	$\phi 12$	个	9	
15	活络扳手	300mm	把	2	
16	皮尺	30m	个	1	
17	铁锹		把	2	
18	撬棍		根	3	
19	钢筋混凝土杆	10m 锥杆	根	1	

3．作业人员分工

共需要操作人员 20 名（其中工作负责人 1 名，安全监护人员 1 名，操作人员 18 名），分工如表 2-6-2 所示。

表 2-6-2　　　　　　　固定式人字抱杆整立混凝土杆人员分工

序号	工作岗位	数量（人）	工作职责
1	工作负责人（现场总指挥）	1	负责现场总的操作命令
2	专责监护人员（安全员）	1	各危险点的安全检查和监护
3	吊点操作人员	1	负责固定电杆的钢丝绳套到吊点
4	绞磨操作人员	5	负责绞磨操作
5	起立抱杆人员	6	负责抱杆起立及抱杆操作
6	看根人员	2	观察及控制杆根
7	抱杆风绳控制人员	2	控制抱杆前后倾倒
8	电杆控制绳控制人员	2	控制电杆前后左右倾倒

五、作业程序

1. 工作流程

工作流程如表 2-6-3 所示。

表 2-6-3　　　　　　　固定式抱杆组立混凝土杆工作流程

序号	作业内容	作业步骤及标准	安全措施注意事项	责任人
1	前期准备工作	(1) 履行工作票手续。 (2) 现场核对停电线路名称、杆塔编号。 (3) 检查基础及杆塔。 (4) 装设安全围栏，悬挂标示牌	(1) 工作票填写和签发必须规范。 (2) 现场作业人员正确戴安全帽，穿工作服、工作鞋，戴劳保手套。 (3) 现场查勘必须 2 人进行，双重编号无误，基础及杆塔完好无异常	
2	立杆工器具的检查	(1) 抱杆检查：抱杆表面有无腐蚀破损，抱杆接头螺栓是否紧固，附件是否齐全。 (2) 滑轮及滑轮组的检查：试验是否合格，外观有无损坏。 (3) 螺栓是否符合规格，是否紧固；使用的钢丝绳及钢丝绳套的规格是否符合要求；钢丝绳是否有锈蚀，有断股。 (4) 绞磨检查：所使用的绞磨荷载是否匹配，是否有合格证及校验单，外观是否良好，闭锁装置是否可靠，运行是否良好	(1) 人字抱杆必须牢固可靠，附件完整。抱杆根可以根据土质条件，适当挖浅坑定位。 (2) 滑车组规格必须符合承力要求，严禁以大代小、以次充好。 (3) 螺栓、钢丝绳无锈蚀，螺栓、钢丝绳满足承力要求，钢丝绳无断股。 (4) 绞磨载荷满足承力要求，使用灵活，闭锁装置可靠；绞磨必须固定在可靠锚桩上，应固定在杆高 1.2 倍距离之外	
3	杆坑基础及地锚的检查	(1) 电杆坑应在线路中心桩位上，深度应符合要求，坑底面应平整，坑内应无积水。 (2) 前、后风绳桩锚的埋设位置应与电杆坑中心及抱杆定点在一条直线上，桩锚的埋设必须牢固可靠，必要时增加铁桩进行加固	(1) 电杆坑的深度必须符合要求（$H/10+0.7$m），指挥人员必须认真检查。其中 H 为杆长。 (2) 前、后风绳在抱杆顶固定时要注意与其他线缆的关系，防止缠绕，或不合理受力	

序号	作业内容	作业步骤及标准	安全措施注意事项	责任人
4	电杆的检查	电杆应无裂纹，弯曲度不得大于杆长的1‰	对不符合要求的电杆，不能进行立杆操作	
5	各工位的检查	检查各工位的位置是否正确，桩锚是否稳固，人员是否到位，信号是否畅通	各工位人员没有准备到位不允许工作	
6	人字抱杆起立	（1）抱杆组装好之后，将吊电杆的钢丝风绳一端用锁扣牢固的固定在抱杆上，另一端用手扳葫芦收紧，固定在桩锚上。 （2）滑车组一端用锁扣牢固的固定在抱杆帽上，另一端用锁扣牢固的固定在电杆上。 （3）将抱杆两脚放到杆坑两侧合适的位置，抱杆根开取抱杆长度1/3，用钢丝绳将抱杆脚连接并收紧，用钢钎抵好固定住抱杆脚，以使抱杆能以此为支点转动起立，抱杆π面与杆坑中心保持400mm的距离。 （4）绞磨应摆放在前风绳方向并选择好操作的位置。部分工作人员抬抱杆头起立，抱杆对地夹角到30°时，在前风绳方向牵引抱杆，控制前风绳风绳，随抱杆升起，慢慢放出后风绳，抱杆起立到80°停止牵引	（1）抱杆中心与杆坑夹角不小于90°，抱杆长度取电杆重心（$0.4H+0.5m$）高度加2m，风绳桩和绞磨桩到杆坑中心距离取电杆高度的1.5倍以上。其中H为杆长。 （2）抱杆顶，电杆中心，前、后风绳地锚桩4点应在同直线上，风绳与地夹角不大于45°。 （3）抱杆立好后，调整好前、后风绳使抱杆与地面成90°后并进行固定	
7	电杆的起吊	（1）将牵引绳从绞磨引出，在绞磨的磨盘上绕5～6圈，由专人拉尾绳。确定电杆的吊点位置，吊点的选择应高出电杆重心1.5m以上，若位置选择错误将导致电杆不能正常到位。 （2）起吊中抱杆两侧风绳应平稳受力。 （3）起吊时，各号位负责人要认真监护，发现异常立即报告指挥人员停止牵引进行处理，各工作人员必须服从统一指挥。电杆顶离地约0.8m时对电杆进行一次冲击试验，全面检查各受力点，确无问题后再继续起立	（1）电杆起吊时必须统一信号。 （2）两根抱杆的受力应均匀，如发现抱杆有纵向受力而产生偏斜，则应及时调整抱杆两侧风绳。 （3）使用合格的起重工器具，严禁超载使用。 （4）起立电杆前要在杆顶套好前、后、左、右临时风绳，电杆不在坑中心时，调整左右电杆风绳使之准确地放在电杆中心桩，横向位移不应大于50mm，在电杆入坑后进行校正。 （5）在电杆起吊过程中，人员不得进入风绳和牵引绳内角侧，不得从下面跨过	
8	电杆坑的回填	电杆立好后，回填土块的直径应不大于30mm，每回填150mm应夯实一次，回填土的高度应高于电杆基面300mm	注意防止倒杆伤人	
9	电杆的校正	电杆的校正在回填时同时进行，校正后应符合下列标准： （1）直线杆和转角杆横向位移不应大于50mm。电杆倾斜：10kV及以下杆梢位移不大于1/2梢径。 （2）转角杆应向外角预偏，紧线后不应向拉线反方向倾斜，杆梢位移不大于杆梢直径。 （3）终端杆应向拉线侧预偏，紧线后不应向拉线反方向倾斜，杆梢位移不大于杆梢直径		

序号	作业内容	作业步骤及标准	安全措施注意事项	责任人
10	放下抱杆	在抱杆根部用地锚桩稳住,用人力或绞磨带住,松出临时固定风绳,缓慢使抱杆落地	抱杆倒落过程中采取措施防止抱杆根移动,使抱杆缓慢落地	

2. 操作示例图

(1)立杆现场布置图。

图 2-6-1 是固定式抱杆起吊示意图。

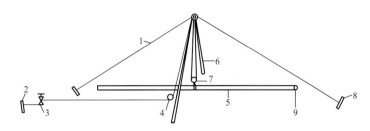

图 2-6-1 固定式人字抱杆起吊示意图

1—临时拉线;2—绞磨桩;3—绞磨;4—导向滑车;5—电杆;6—人字抱杆;7—滑车组;8—拉线桩;9—调整绳位置

(2)杆坑开挖示例图。

图 2-6-2 为开挖的杆坑示例图。

(3)牵引滑车组装示例图。

图 2-6-3 为牵引滑车组装示例图。

图 2-6-2 开挖的电杆坑示例图

图 2-6-3 牵引滑车组装示例图

(4)起立抱杆及固定示例图。

图 2-6-4 为人字抱杆起立示例图,图 2-6-5 为人字抱杆根固定示例图。

(5)抱杆起吊示例图。

图 2-6-6 为抱杆起吊示例图。

(6)电杆落位和电杆杆身校正示例图。

图 2-6-7 为电杆落位示例图,图 2-6-8 为电杆杆身校正示例图。

(7)抱杆放倒和工作终结示例图。

图 2-6-9 为抱杆放倒示例图,图 2-6-10 为班后会示例图。

图2-6-4　人字抱杆起立示例图

图2-6-5　人字抱杆根固定示例图

图2-6-6　抱杆起吊示例图

图2-6-7　电杆落位示例图

图2-6-8　电杆杆身校正示例图

图2-6-9　抱杆放倒示例图

六、相关知识

1. 电杆组立的方法

常见的电杆组立的方法有独脚抱杆立杆、固定式人字抱杆立杆、倒落式人字抱杆立杆和吊车立杆等。

（1）独脚抱杆立杆。独脚抱杆又称为固定单抱杆或冲天抱杆。利用独脚抱杆起吊电杆的方法适用于地形较差、场地很小且不能设置倒落式人字抱杆所需要的牵引设备和制动设备装置的场合。这种起吊方法的特点是，每次只能起吊一根电杆，电杆起吊后还需要高空安装横担等构件，该方法只适用于起吊中等长度且质量较轻的电杆。独脚抱杆立杆布置如图 2-6-11 所示。

图 2-6-10　班后会示例图

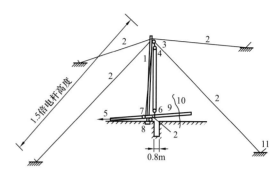

图 2-6-11　独脚抱杆立杆布置示意图
1—抱杆；2—固定拉线；3—衬木；4—定滑轮；
5—总牵引钢丝绳；6—动滑轮；7—地滑轮；8—垫木；
9—电杆；10—晃风绳；11—钎桩（地锚）

（2）固定式人字抱杆立杆。该方法是以固定的人字抱杆为起吊电杆受力点，在电杆起吊过程中，抱杆与地面的夹角不变，通常为90°，抱杆头固定一个顶滑车，在抱杆根固定一个导向滑车，在安全距离以外布置一台绞磨，再配以钢丝绳来组立电杆。固定人字抱杆现场布置如图 2-6-12 所示。

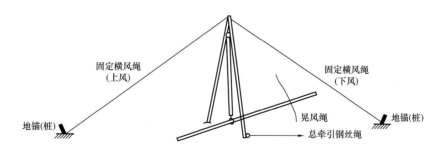

图 2-6-12　固定式人字抱杆立杆布置示意图

固定式人字抱杆立杆操作过程简单，需要场地较小，一般适用于组立 18m 以下电杆。但在电杆起吊过程中需要将整个电杆调离地面，需要较长的抱杆，抱杆受力也大，起吊前应将抱杆用临时拉线固定，在地形不平整的情况下不好布置，且操作人员需要在杆塔边作业，安全性较差。

（3）倒落式人字抱杆立杆。倒落式人字抱杆整立在电杆起立过程中，抱杆与地面的夹角不断变化，最后当牵引绳与吊绳（吊绳合力作用线）拉成一条直线时抱杆失去作用，抱杆失效后将其缓慢放下至地面，再依靠牵引绳继续牵引起立杆塔。抱杆头固定一个或几个平衡分绳滑车，可以多种穿线方式布置吊绳系统。吊绳与牵引绳间靠抱杆脱落帽（自动脱落环）连接。在距离抱杆根部适当位置布置倒扳滑车，倒扳滑车与抱杆顶间布置一滑车组以省力，在底滑车附近布置绞磨以起立杆塔。倒落式人字抱杆布置如图 2-6-13 所示。

倒落式人字抱杆整立的优点是适应性广，任意高度、质量的杆塔都可使用，高处作业少，劳动强度低，施工较安全，是配电线路杆塔施工中应用最为广泛的一种方法。其缺点是：需要较宽大且平整的组立场地；基础在起立杆塔过程中可能会受到较大的水平推力；工具较为复杂、笨重，尤其在组立重型杆塔（>30t）时。

（4）吊车立杆。吊车立杆借助吊车臂通过钢丝绳吊装电杆，其立杆速度快、起吊质量重、操作安全性好，在一般新建线路施工中应用较广。其适用于地形平整、交通比较方便的地区。吊车立杆布置如图 2-3-14 所示。

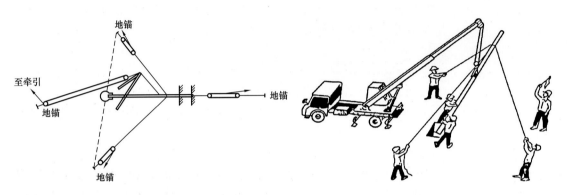

图 2-6-13　倒落式人字抱杆立杆布置示意图　　　　图 2-6-14　吊车立杆布置示意图

2. 固定式人字抱杆立杆受力分析

（1）牵引方式与受力。固定式抱杆起吊一般采用 2—2 或 2—3 滑车组，牵引绳从抱杆顶端定滑车拉出后再经抱杆根部转向滑车，最后经人工绞磨牵引。也有方法是从抱杆顶定滑车引出后至抱杆根用手摇牵引，此方法操作人员始终在抱杆根部附近，安全性较差。牵引时若不考虑滑车组摩擦力，则人工绞磨受力为 $F=G/n$，G 为被吊电杆重量，n 为滑轮组滑轮总个数，使用 2—2 滑轮组时，$n=4$。

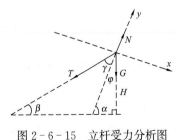

图 2-6-15　立杆受力分析图

（2）后风绳及抱杆受力。取抱杆顶为研究对象，其受力分析如图 2-6-15 所示，在后缆风拉力 T、抱杆总压力 N、杆身重力 G 作用下处于平衡，可得

$$\tan\beta = \frac{H}{1.2L} \tag{2-6-1}$$

式中　H——抱杆有效高度，m；

L——抱杆长度，m。

已知 $\alpha=80°\sim85°$，即 $\varphi=5-10°$，则

$$\gamma = 180° - \beta - (180° - \alpha) = \alpha - \beta$$

由平衡方程 $\sum F_x=0$，得 $T\sin\gamma=G\sin\varphi$

故

$$T = G\sin\varphi/\sin\gamma \tag{2-6-2}$$

从式（2-6-2）中不难判断，施工中将抱杆放置直一点（即 φ 小），后缆风设置远一点（即 β 小），都会使后缆风绳受力减小，对起吊有利。

又由平衡方程 $\sum F_y = 0$ 得抱杆总压力 N

$$N = T\cos\gamma + G\cos\varphi = T\cos(\alpha-\beta) + G\cos\varphi \qquad (2-6-3)$$

每根抱杆受力为

$$R = NL/(2H)(按抱杆根开对称分解)$$

而带牵引绳的抱杆受力为

$$R' = R + F \qquad (2-6-4)$$

实际施工中要了解抱杆受力，正常情况按式（2-6-4）验算便可。

3. 固定式人字抱杆立杆过程相关问题分析

(1) 现场布置。下面以组立 10m 电杆为例来说明现场布置情况。

1) 抱杆临时拉线地锚布置。抱杆临时拉线用于固定抱杆，用 $\phi 12$ 的钢丝绳，其拉线地锚位置距杆坑中心的距离因为电杆高的 1.5 倍，一般取 15m。

抱杆与地面夹角一般应为 90°。

2) 电杆调整绳临时地锚布置。该位置应距杆坑中心为电杆高等的 1.2～1.5 倍，这里可以取 12m。

电杆上半部应系 3 根临时调整绳（白棕绳），用于控制电杆倾斜，并在立杆完成后对电杆进行校正。调整绳系在杆顶下 300mm 处，每根调整绳长 25m。

3) 绞磨布置。绞磨地锚位置从导向滑车计算应为杆高的 1.5 倍，一般取 15m 以上。从导向滑车到牵引绳的方向应与抱杆风绳在地面投影平行。

绞磨应摆放平正，主牵引绳在磨芯上缠绕 5 圈。

4) 抱杆布置。

a) 抱杆长度一般取电杆高度的 1/2。

b) 抱杆的根开一般取抱杆长度的 1/4～1/3，具体情况根据现场来确定（2.5m 左右），根开之间必须用钢丝绳锁牢。抱杆的头部固定 1 个 50kN 的卸扣铁滑车，抱杆根部一侧布置 1 个 30kN 的导向滑车。

c) 抱杆座落点位置：抱杆座位离洞心为杆高的 1/5，抱杆两腿连线应与中心线垂直。

5) 抱杆风绳布置。

a) 抱杆风绳地锚位置为杆高的 1.2～1.5 倍。

b) 抱杆风绳采用钢丝绳，两根风绳应固定在抱杆顶处，面向电杆起立方向前侧为前风绳，电杆起立方向反方向为后风绳，风绳在地锚上固定，并用钢丝绳卡锁牢。

c) 风绳与竖立抱杆中心线夹角为 60°，每根风绳子长度为 $8\times2=16m$，实际使用时要采用 20m 左右。风绳地锚、电杆坑中心、抱杆顶应该在同一条直线上。

(2) 吊点的确定。对于等径杆，其重心位置在其杆身的 1/2 处；对于拔梢杆，其重心对杆根的距离约占全长的 44%，若电杆长为 L，其重心 $H_0 = L \times 0.44$。

电杆吊点对杆根距离应为重心对杆根距离的 1.1～1.5 倍，即

$$H = H_0 \times (1.1 \sim 1.5)$$

模 块 7 停电更换10kV架空配电线路直线杆三相瓷横担绝缘子

一、作业任务

停电更换 10kV 架空配电线路直线杆三相瓷横担绝缘子。

二、引用文件

(1)《电气装置安装工程 35kV 及以下架空电力线路施工及验收规范》(GB 50173—1992)。

(2)《架空配电线路及设备运行规程》(SD 292—1988)。

(3)《国家电网公司生产技能人员职业能力培训规范 第 4 部分:配电线路检修》(Q/GDW 232—2008)。

(4)《国家电网公司电力安全工作规程(线路部分)》(国家电网安监〔2009〕664 号)。

三、天气及作业现场要求

(1)更换瓷横担绝缘子工作是户外及杆上作业的项目,高处作业在良好的天气下进行,风力不能大于 6 级,无雷暴雨、大雾。

(2)工作地段两端已验电并装设接地线,得到工作负责人的许可,方可开始工作。

(3)更换 10kV 架空线路直线杆瓷横担绝缘子操作时,相邻两档之间杆塔下方无跨越、带电的线路。

(4)作业施工现场应装设围栏,并挂好警示标示牌。

四、作业前准备

1. 危险点及预控措施

(1)危险点:误登杆塔。

预控措施:作业人员应先核对停电线路的双重编号无误后,方可进行登杆作业。

(2)危险点:杆塔倾倒。

预控措施:登杆作业前检查电杆及拉线周围有无起土、冲刷下沉、开挖等,电杆是否有纵横向裂纹,电杆的埋深是否满足规程要求,拉线金具锈蚀情况及是否紧固。

(3)危险点:工器具失效。

预控措施:登杆前首先对登杆工具、安全带进行外观检查,脚扣有无脱焊、螺栓销钉是否完好齐全,防滑胶垫是否磨损、脱落,升降板有无裂纹断股、霉变,安全工器具应做冲击试验。

(4)危险点:高处落物伤人。

预控措施:

1)为防止高空坠物物体打击,作业现场必须戴好安全帽,作业下方应增设围栏,严禁有人在作业下方逗留。

2)杆上操作前注意观察高处设备的相关构件是否存在开裂、脱焊和严重锈蚀、变形及紧固件松动等异常。

3）高处作业应使用工具袋，上下传递工具、材料必须使用绳索，严禁上下抛掷。

（5）危险点：高处坠落。

预控措施：

1）为防止杆上作业人员高空坠落，杆上作业人员必须正确使用安全带，后备保护绳。不得失去防高空坠落安全保护措施。

2）安全带应挂在结实牢固的构件上，防止锋利物刮伤安全带，安全带应高挂低用。

2. 工器具及材料选择

更换直线杆瓷横担绝缘子所需工器具如表2-7-1所示。

表2-7-1　　　　　　　　　更换直线杆瓷横担绝缘子所需工器具

序号	名称	规格	单位	数量	备注
1	个人保安线	不小于16mm²	组	1	
2	安全带	DW.Y	条	1	带后备保护绳
3	脚扣（升降板）	变距脚扣	副	1	
4	警告牌、安全围栏				作业区域设置
5	挂钩式铝合金滑车	5kN	个	1	
6	钢锯弓		把	1	
7	平口钳	8in	把	1	
8	活络扳手	10in	把	1	
9	活络扳手	12in	把	1	
10	毛巾	34cm×76cm	张	1	
11	电工工具包		个	1	
12	无结传递绳	ϕ12	根	1	

更换直线杆瓷横担绝缘子所需材料如表2-7-2所示。

表2-7-2　　　　　　　　　更换直线杆瓷横担绝缘子所需材料

序号	名称	规格	单位	数量	备注
1	瓷横担	CD-210	根	2	
2	中相瓷横担	CD-210	根	1	
3	铝扎线	同型号单股	圈	4	每圈长度1.5m
4	螺栓	M16×35	套	3	
5	钢锯锯条		条	5	
6	铝包带	−1×10	m	2	按导线大小

3. 作业人员分工

作业人员分工如表2-7-3所示。

表 2 - 7 - 3   更换直线杆瓷横担绝缘子作业人员分工

序号	工作岗位	数量（人）	工作职责
1	操作人员	1人	登杆作业更换绝缘子
2	监护人员	1人	杆上作业人员到达工作位置无危险后，负责地面铺助工作，配合杆上作业人员传递工器具及材料

五、作业程序

1. 操作流程

操作流程如表 2 - 7 - 4 所示。

表 2 - 7 - 4   更换直线杆瓷横担绝缘子操作流程

序号	工作内容	作业步骤及标准	安全措施注意事项	责任人
1	前期准备工作	(1) 履行工作票手续。 (2) 现场核对停电线路名称、杆塔编号。 (3) 检查基础及杆塔。 (4) 装设安全围栏，悬挂标示牌	(1) 工作票填写和签发必须规范。 (2) 现场作业人员正确戴安全帽，穿工作服、工作鞋、戴劳保手套。 (3) 现场查勘必须 2 人进行，双重编号无误，基础及杆塔完好无异常	
2	工器具和材料检查	(1) 检查登杆工具。 (2) 检查材料	(1) 登杆作业使用的安全用具无异常，没有超期使用情况。 (2) 检查瓷横担绝缘子出厂合格证、试验报告。 (3) 检查瓷横担绝缘子表面应无损伤、脱釉、裂纹，铁件无锈蚀。 (4) 清洁瓷横担绝缘子表面脏污及其他不应有的附着物。 (5) 瓷横担绝缘子在投入运行前应用 2500V 绝缘电阻表检测绝缘电阻，绝缘子绝缘电阻不小于 500MΩ	
3	登杆作业、杆上作业	(1) 登杆前应核对线路名称及杆号。 (2) 检查杆身、杆根及拉线，是否有起土、上拔、冲刷等现象	(1) 登杆操作人员攀登到工作位置系好安全带（后备保护绳），应系在牢固构架上，防止被锋利物损伤。 (2) 杆上作业及转位时，手扶的构件应牢固，不得失去保护。 (3) 杆上作业所用的工器具、材料应用绳索传递，手应拿稳工具、材料，防止高处落物	

续表

序号	工作内容	作业步骤及标准	安全措施注意事项	责任人
4	拆除旧瓷横担	(1) 解开固定导线的扎线,将导线移到横担上。 (2) 拆除旧瓷横担的固定螺栓。 (3) 拆下旧瓷横担并用传递绳传至地面	(1) 拆除瓷横担绝缘子上固定导线的扎线。 (2) 将导线移到铁横担上应加胶垫并固定,防止导线损伤。 (3) 拆除的旧扎线不得乱扔,放在工具包内	
5	安装新瓷横担	(1) 利用传递绳将新瓷横担及螺栓全杆上。 (2) 将新瓷横担安装在横担上并拧紧。 (3) 安装牢固后将导线移到瓷横担槽内并绑扎固定	(1) 拧松瓷横担绝缘子固定在横担上的螺栓,拧下螺母取下旧瓷横担绝缘子,用传递绳将拆下的螺栓、旧瓷横担绝缘子传至地面。 (2) 用传递绳将新瓷横担绝缘子传至杆上,并将瓷横担绝缘子固定安装在横担上,应加弹簧垫圈拧紧并进行调整不得倾斜。 (3) 瓷横担绝缘子三相更换完后拧紧螺栓固定,再将导线绑扎固定位置缠绕上铝包带,铝包带缠绕紧密且超出绑扎导线端30mm,导线分别移放到瓷横担绝缘子中相顶槽内,边相放置在外侧边槽内。 (4) 裸导线使用铝包带保护,绝缘导线绑扎应使用塑铜线绑扎,塑铜线截面积不小于4mm^2	
6	导线固定(绑扎采用二压一边相导线绑扎)	(1) 导线缠绕绑扎在绝缘子瓶颈上。 (2) 二次绑扎,绑扎固定导线。 (3) 缠绕绑扎固定导线封头,绑扎固定收尾头	(1) 将盘至成小圈的扎线平分,顺导线外层绞制方向,将扎线中点搭在导线的中间位置。 (2) 压住导线、绕过瓶颈提起,一次扎线与二次扎线交叉压在一次扎线中点上紧密无缝成双十字。二次扎线互不交叉再次绕过瓶颈提起,扎线贴紧导线两侧拉紧。 (3) 扎线在导线上缠绕,瓶颈两端缠绕方向一致。且扎线不得交叉互压,扎线在导线上缠绕每圈应紧密无缝隙。 (4) 扎线顺导线缠绕,在导线上两端分别绕8圈半,紧密无缝隙。 (5) 扎线应留10mm剪断,线头与导线成90°,回头与扎线贴平,两端回头应在一条线上	

续表

序号	工作内容	作业步骤及标准	安全措施注意事项	责任人
7	导线固定（绑扎中相导线绑扎）	(1) 导线在中相瓷横担绝缘子顶槽内中间位置。 (2) 扎线缠绕中相瓶颈。 (3) 中相绑扎固定导线收尾	中相导线绑扎固定与边相导线绑扎固定方法要求相同	
8	现场自检、下杆	(1) 确认检查无异常。 (2) 安装质量符合标准、验收规范。 (3) 作业人员沿一条直线平稳下杆		
9	清理和现场自检	清理工器具及拆除的旧材料，无遗留物	现场无任何遗留物	

2. 操作示例图

(1) 导线绑扎。

图 2-7-1 为一次扎线绕瓶颈示例图，图 2-7-2 为二次扎线绕瓶颈示例图。

图 2-7-1　一次扎线绕瓶颈示例图

图 2-7-2　二次扎线绕瓶颈示例图

(2) 导线固定缠绕封头。

图 2-7-3 是导线固定缠绕封头示例图。

(3) 导线绑扎全景图。

图 2-7-4 瓷棒导线绑扎全景示例图。

图 2-7-3　导线固定缠绕封头示例图

图 2-7-4　瓷棒导线绑扎全景示例图

(a) 顶面视图；(b) 左面视图；(c) 底面视图；(d) 右面视图

六、相关知识

1. 架空配电线路直线杆的组成

由杆（塔）、绝缘子（悬式、棒式、针式，绝缘子材料又分瓷质、合成）、杆顶抱箍、横担、U形抱箍、螺栓、铁附加工件等组成。直线杆（塔）按导线排列方式又分三角形、垂直双回、上下层，多回线路是根据出线地理环境设计，主要目的解决线路通道问题，节约资源。

架空配电线路直线杆常见导线排列方式如图2-7-5所示。

图2-7-5 架空配电线路直线杆常见导线排列方式

(a) 垂直、水平排列三回直线杆；(b) 三角形直线杆；(c) 垂直双回直线杆；(d) 三角形、水平排列双回直线杆

2. 绝缘子的作用及更换绝缘子的目的

架空配电线路绝缘子的作用是支持导线，并使导线与杆塔之间保持绝缘，保持相与相之间的空气组合间隙距离。由于线路绝缘子长期处于强电磁环境下，承受着较大的电气和机械荷载，由于露天周围大气条件变化，如受到风、雨、雾、覆冰、雷电、工业废气、粉尘、温度和湿度及外力破坏等因素的影响，容易使运行中的绝缘子成劣质、零质绝缘子，因此需要定期进行绝缘子更换，线路常规维护、检修是为了及时消除缺陷，防止缺陷扩大影响安全靠供电，以确保线路的安全、可靠运行。

模块 8　停电更换10kV配电线路耐张悬式绝缘子

一、作业任务

在停电线路上更换 10kV 配电线路耐张悬式绝缘子。

二、引用文件

(1)《电气装置安装工程　35kV 及以下架空电力线路施工及验收规范》（GB 50173—1992）。

(2)《架空配电线路及设备运行规程》（SD 292—1988）。

(3)《国家电网公司生产技能人员职业能力培训规范　第 4 部分：配电线路检修》（Q/GDW 232.4—2008）。

(4)《配电网运行规程》（Q/GDW 519—2010）。

(5)《电业生产事故调查规程》（国电发〔2000〕643 号）。

(6)《电力安全工器具预防性试验规程》（试行）（国电发〔2002〕777 号）。

(7)《国家电网公司电力安全工作规程（线路部分）》（国家电网安监〔2009〕664 号）。

三、天气及作业现场要求

(1)组立电杆应在良好的天气下进行，在作业过程中，遇到 6 级以上大风以及雷暴雨、冰雹、大雾、沙尘暴等恶劣天气时应停止工作。

(2)现场作业人员应正确穿戴合格的工作服、工作鞋、安全帽和劳保手套。

(3)作业人员高压电工作业和高处作业证书，熟悉《国家电网公司电力安全工作规程（线路部分）》，并经考试合格。同时，作业人员应具备符合本项作业的身体素质和技能水平。

(4)杆上电工登杆前必须对登杆工器具及安全带检查并进行冲击试验，同时必须对杆根、杆身和拉线情况进行检查。

(5)登杆前，必须认真核对停电线路名称、杆号，是否与工作票相符。

(6)杆上作业时，上下传递工器具及材料必须使用传递绳，严禁抛扔。传递绳与横担之间的绳结应系好以防脱落，金具可以放在工具袋内传递，防止高空坠物。

(7)该项目操作在停电线路 10kV 线路上进行，整个作业过程要加强监护。

(8)验电和装设接地线规则：

1)验电时必须先验低压后验高压，先验下层后验上层，先验近侧后验远侧。禁止工作人员穿越未经验电、接地的 10kV 及以下线路对上层验电。线路验电逐相进行。

2)装设接地线时，应先接接地端，后接导线端，接地线应接触良好、连接可靠。人体不能触及未接地的导线。

(9)绝缘子安装应符合下列规定：

1)安装应牢固，连接可靠，防止积水。

2)安装时应清除表面灰垢、附着物及不应有的涂料。

3）与电杆、导线金具连接处无卡压现象。

4）耐张串上的弹簧销子、螺栓及穿钉应由上向下穿。当有特殊原因时可由内向外或由左向右穿入。

5）悬垂串上的弹簧销子、螺栓及穿钉应向受电侧穿入。两边线应由内向外，中线应由左向右穿入。

6）绝缘子裙边与带电部位的间隙不应小于50mm。

7）对于瓷悬式绝缘子，安装前应采用不低于2500V的绝缘电阻表逐个进行绝缘电阻测定。在干燥情况下，绝缘电阻值不得小于500MΩ。

四、作业前准备

1. 危险点及预控措施

（1）危险点：触电伤害。

预控措施：

1）工作前，应核对线路双重编号，在工作地段范围内停电、验电、挂接地线，做好防止用户反送电措施。

2）对一经操作即可送电的分段开关、联络开关，加警示牌加锁，必要时应设专人看守。

3）对平行、跨越、邻近的带电线路采取防止感应电触电的安全措施，必要时设专人进行监护。

（2）危险点：带电线路作业距离不够。

预控措施：与高压带电部位保持最小安全距离，10kV线路保持0.7m，并设专人监护。

（3）危险点：导线脱落。

预控措施：更换绝缘子时应采取防止导线脱落的双重措施，对跨越的带电线路，必要时应联系停电再进行作业。

（4）危险点：高空落物伤人。

预控措施：

1）杆上电工应避免落物，地面电工不得在吊件及作业点正下方逗留，全体作业人员必须正确佩戴安全帽。

2）工作场地必须使用安全围栏，无关人员禁止入内。

（5）危险点：高空坠落伤害。

预控措施：电工不得负重登杆，并使用防坠落装置，登杆过程使用安全带；杆上作业不得失去安全带的保护。监护人应加强监护，及时纠正作业人员可能存在的危险动作。

2. 工器具及材料选择

本模块所需要的工器具及材料如表2-8-1所示。

表2-8-1　　　　　　　更换耐张单片绝缘子所需工器具及材料

序号	名称	规格	单位	数量	备注
1	挂钩滑车	5kN	个	1	
2	紧线器	SB1-1.5	套	1	
3	铝合金卡线器	KLQ-8	副	2	
4	升降板		副	1	

续表

序号	名称	规格	单位	数量	备注
5	传递绳	15m	条	1	
6	安全带		根	1	
7	安全帽		个	1	
8	后备保护绳		根	1	
9	平口钳	200mm	个	1	
10	拔销钳	200mm	个	1	
11	钢丝绳套	$\phi 12 \times 1.5$mm	副	1	
12	绝缘电阻表	2500V	个	1	
13	验电器	10kV电压等级	副	1	
14	绝缘手套	10kV电压等级	副	1	
15	悬式绝缘子	XP-70	个	1	

3. 作业人员分工

共需要操作人员4名（其中工作负责人1名，安全监护人员1名，杆上电工1名，地面电工1名），分工如表2-8-2所示。

表2-8-2　　　　　　　　　　更换耐张单片悬式绝缘子人员分工

序号	工作岗位	数量（人）	工作职责
1	工作负责人	1	现场指挥、组织协调、办票
2	安全监护人员	1	各危险点的安全检查和监护
3	杆上电工	1	杆上更换绝缘子操作
4	地面电工	1	工器具传递等辅助工作

五、作业程序

1. 操作流程

操作流程如表2-8-3所示。

表2-8-3　　　　　　　　更换10kV耐张杆单片悬式绝缘子操作流程

序号	作业内容	作业步骤及标准	安全措施注意事项	责任人
1	前期准备工作	（1）履行工作票手续。 （2）现场核对停电线路名称、杆塔编号。 （3）检查基础及杆塔。 （4）装设安全围栏，悬挂标示牌	（1）工作票填写和签发必须规范。 （2）现场作业人员正确戴安全帽，穿工作服、工作鞋、戴劳保手套。 （3）现场查勘必须2人进行，双重编号无误，基础及杆塔完好无异常	

续表

序号	作业内容	作业步骤及标准	安全措施注意事项	责任人
2	工器具、材料摆放和材料检查	(1) 在杆塔附近选一较平坦处(有条件可铺好地布),将所有工器具、材料依次摆放好。 (2) 用2500V绝缘电阻表摇测悬式绝缘子	(1) 检查绝缘手套、验电笔及安全工器具完好。 (2) 检查针式绝缘子外观完好,用绝缘电阻表测量绝缘合格。 (3) 悬式绝缘子绝缘电阻不小于500MΩ	
3	停电	进入工作现场后,由工作负责人监护,核对现场供电电源的路名、杆号、变压器号,断开工作线路各端及邻近、交叉的断路器、熔断器、隔离开关	(1) 在一经合闸即可送电到工作地点的熔断器(断路器)、隔离开关的操作处,均应悬挂"禁止合闸,线路有人工作"的标示牌。 (2) 停电时,认真执行倒闸操作程序	
4	验电、挂接地线	在工作负责人组织下,在专责安全监护人监护下,验明无电后,杆上电工挂设接地线	(1) 挂接地线时,先接接地端,后接导线端。 (2) 挂接地线时,地线不得碰触人体。 (3) 验电和挂接地线时必须戴绝缘手套。 (4) 工作地段如有邻近、平行、交叉跨越线路,应使用个人保安线。 (5) 确保杆上电工在接地线保护范围内工作	
5	登杆	杆上电工采用升降板登杆	(1) 登杆前要对杆根、杆身、拉线进行检查。 (2) 登杆前必须对升降板、安全带、后备保护绳进行冲击试验。 (3) 沿同一方向上、下杆塔	
6	更换悬式绝缘子	(1) 杆上电工进入工作位置,系好安全带。 (2) 地面电工将工器具通过绳索传递到杆上。 (3) 杆上电工将紧线器(带卡头)固定在横担上,卡头卡于导线上,收紧紧线器使悬式绝缘子不受力。 (4) 将耐张线夹与悬式绝缘子连接处的销子拆下,拔下销钉,使耐张线夹与悬式绝缘子分离,再用工具拆下悬式绝缘子与横担直角挂板连接处的螺栓。 (5) 杆上电工将受损绝缘子通过绳索传递到地面,地面电工将新悬式绝缘子通过绳索传递给杆上电工。 (6) 将新悬式绝缘子一端与横担连接,一端与耐张线夹连接,松紧线器,使悬式绝缘子受力。 (7) 拆除紧线器,杆上电工将工器具用绳索传递到地面	(1) 安全监护人员必须加强监护。 (2) 杆上电工转位不得失去安全带保护。 (3) 传递工器具及材料必须使用传递绳索,杆上不能坠物,杆下严禁有人滞留	

续表

序号	作业内容	作业步骤及标准	安全措施注意事项	责任人
7	拆除接地线	杆上电工拆除全部接地线，并用绳索传递到地面	拆卸接地线必须先拆导线端，后拆接地端	
8	下杆	杆上作业人员沿一条直线平稳下杆		
9	工作终结	工作完成后清理现场，由工作负责人监护送电	现场不得有任何遗留物，按规程要求送电	

　　2. 操作示例图

　　(1) 现场查勘和办理工作票。

　　图 2-8-1 是现场查勘示例图，图 2-8-2 是办理工作票示例图。

图 2-8-1　现场查勘示例图　　　　　图 2-8-2　办理工作票示例图

　　(2) 工器具的清理、摆放和检查。

　　图 2-8-3 为工器具的清理、摆放示例图，图 2-8-4 为工器具检测示例图。

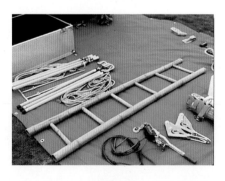

图 2-8-3　工器具清理、摆放示例图　　　　图 2-8-4　工器具检测示例图

　　(3) 验电和挂接地线。

　　图 2-8-5 为验电示例图，图 2-8-6 为挂接地线示例图。

　　(4) 安装紧线器，拆卸受损绝缘子。

　　图 2-8-7 为安装钢丝绳手扳葫芦示例图，图 2-8-8 为拆卸受损绝缘子示例图。

　　(5) 绝缘子传递和安装。

　　图 2-8-9 为新绝缘子吊装示例图，图 2-8-10 为新绝缘子安装传递示例图。

图 2-8-5　验电示例图

图 2-8-6　挂接地线示例图

图 2-8-7　安装紧线器示例图

图 2-8-8　拆卸受损绝缘子示例图

图 2-8-9　新绝缘子吊装示例图

图 2-8-10　新绝缘子安装示例图

六、相关知识

1. 配电线路绝缘子的分类

（1）绝缘子基本类型。绝缘子按结构可分为柱式（支柱）绝缘子、悬式绝缘子、防污型绝缘子和套管绝缘子。

架空线路中所用绝缘子，常用的有针式绝缘子、蝶式绝缘子、悬式绝缘子、瓷横担、棒式绝缘子和拉紧绝缘子等。

现在常用的绝缘子有陶瓷绝缘子、玻璃钢绝缘子、合成绝缘子、半导体绝缘子。

（2）针式绝缘子。针式绝缘子主要用于线路电压不超过35kV、导线张力不大的直线杆或小转角杆塔。其优点是制造简易、价廉；缺点是耐雷水平不高，容易闪络。图 2 - 8 - 11 所示为常见的针式绝缘子实物。

图 2 - 8 - 11　常见的针式绝缘子实物图
(a) 针式支柱形绝缘子；(b) 针式瓷瓶绝缘子；(c) 复合针式绝缘子

（3）瓷横担绝缘子。这种绝缘子已广泛用于 110kV 及以下线路。它具有许多显著的优点：绝缘水平高；同时起到横担和绝缘子的作用；能节约大量钢材；能提高杆塔悬点高度；运行中便于雨水冲洗；在断线时不转动，可避免事故扩大。图 2 - 8 - 12 为瓷横担绝缘子实物图。

图 2 - 8 - 12　瓷横担绝缘子实物图

（4）悬式绝缘子。悬式绝缘子常用在 10kV 及以上架空线路。通常都把它们组装成绝缘子串使用。每串绝缘子的数目与额定电压有关。

悬式绝缘子按制造材料可分为瓷绝缘子和钢化玻璃绝缘子；其铁帽结构形式则有球窝连接和槽形连接两类；按机电破坏荷载可分为 4t、6t、7t、10t、16t、21t、30t 等 7 个级别。

钢化玻璃绝缘子结构形状与瓷绝缘子相同，它与瓷绝缘子相比优点是：劣化后自行爆炸，且自爆后的残垂物具有相当高的机械强度，可保持稳定的性能，易于实现生产过程的机械化和自动化。图 2 - 8 - 13 是瓷绝缘子和钢化玻璃绝缘子实物图。

图 2 - 8 - 13　瓷绝缘子和钢化玻璃绝缘子实物图
(a) 瓷绝缘子；(b) 钢化玻璃绝缘子

2. 绝缘子受损原因分析

（1）人为破坏，如击伤、击碎等。

（2）安装不符合规定，或承受的应力超过了允许值。

（3）由于天气骤冷骤热，电瓷内部产生应力，或者受冰雹等击伤击碎。

（4）因脏污而发生污闪事故，或者在雨雪或雷雨天出现表面放电现象（闪络）而损坏。

（5）在过电压下运行时，由于绝缘强度和机械强度不够，或者绝缘子本身质量欠佳而损坏。

3. 绝缘子串的检测和更换

运行的绝缘子串要按规定的周期进行检测。

（1）带电测试。鉴别劣化绝缘子的方法，是用装在绝缘杆上或其他装置上的可变火花间隙或固定火花间隙测量分布电压，当其值为正常值的5％及以下或间隙不放电时，即为不良绝缘子。带电测试绝缘子的分布电压应按规定进行。

（2）停电测试。用2500V绝缘电阻表逐个测试绝缘电阻，凡小于500MΩ的即为不良绝缘子。

4. 悬式绝缘子组装结构图

耐张线夹实物如图2-8-14所示，10kV线路悬式绝缘子与耐张线夹组装结构如图2-8-15所示。

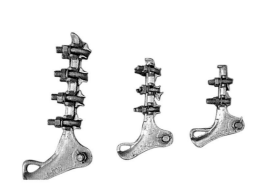

图2-8-14　耐张线夹实物图

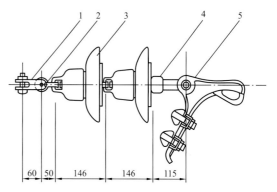

图2-8-15　10kV线路悬式绝缘子与
耐张线夹组装结构

1—直角挂板；2—球头挂环；3—悬式绝缘子；
4—碗头挂板；5—耐张线夹

组装10kV配电线路单相耐张悬式绝缘子所需材料如表2-8-4所示。

表2-8-4　　　　　　组装10kV配电线路的悬式绝缘子所需材料

序号	名称	型号规格	单位	数量
1	直角挂板	Z-7	副	1
2	球头挂环	QP-7	个	1
3	悬式绝缘子	XP-70	片	2
4	碗头挂板	W-7B	个	1
5	耐张线夹	NLD-	副	1

模 块 9　使用花杆和皮尺进行10kV配电线路分坑

一、作业任务

采用花杆、皮尺对 10kV 配电线路电杆及拉线基础进行分坑操作。

二、引用文件

(1)《电气装置安装工程　35kV 及以下架空电力线路施工及验收规范》(GB 50173—1992)。

(2)《10kV 及以下架空配电线路设计技术规程》(DL/T 5220—2005)。

(3)《国家电网公司生产技能人员职业能力培训规范　第 4 部分：配电线路检修》(Q/GDW 232.4—2008)。

(4)《国家电网公司电力安全工作规程（线路部分）》(国家电网安监〔2009〕664 号)。

三、天气及作业现场要求

(1)花杆、皮尺分坑应在良好、干燥天气下进行，在操作过程中，遇到 6 级以上大风以及雷暴雨、冰雹、大雾、沙尘暴等恶劣天气时应停止工作。

(2)在配电线路培训场地进行。

四、作业前准备

1. 危险点及预控测试

危险点：与带电线路安全距离不够。

预控措施：

(1)测量工作至少由 3 人进行，1 人操作，1 人监护，辅工 1 人。

(2)测量时，注意花杆与带电线路的最小安全距离，10kV 线路安全距离为 0.7m，并设专人监护。

2. 工器具及材料选择

本模块所需要的工器具及材料如表 2-9-1 所示。

表 2-9-1　　　使用花杆和皮尺进行 10kV 配电线路分坑所需工器具及材料

序号	名称	规格	单位	数量	备注
1	皮尺	5m	个	1	
2	花杆		根	4	
3	插钎（或木桩及小铁钉）		根	20	
4	粉笔		根	1	
5	榔头		把	1	
6	工具包		个	1	

3. 作业人员分工

作业人员分工如表 2-9-2 所示。

表 2 - 9 - 2 　　　　　　**使用花杆和皮尺进行 10kV 配电线路分坑人员分工**

序号	工作岗位	数量（人）	工作职责
1	工作负责人兼安全监护	1	现场指挥、组织协调、安全监护
2	操作电工	1	分坑操作
3	辅助人员	1	辅助拉皮尺及插钎

五、作业程序

1. 操作流程

操作流程如表 2 - 9 - 3 所示，操作流程中花杆插钎的编号可对照图 2 - 9 - 2。

表 2 - 9 - 3 　　　　　　**使用花杆和皮尺进行 10kV 配电线路分坑操作流程**

序号	作业内容	作业标准	安全注意事项	责任人
1	前期准备工作	（1）工作服、工作鞋、安全帽、劳保手套穿戴正确。 （2）现场核对线路名称、杆号。		
2	工器具的检查	花杆、皮尺、插钎等工器具符合质量要求	工器具外观检查合格，无损伤、变形现象	
3	确定原有线路中心线位置	确定原有线路中心位置的方法有几种，下面介绍一种： （1）在搭接杆及前一根电杆 J1 的同一侧紧贴电杆各插一根花杆，并使两根花杆对齐。此时两根花杆的插入点的连线应与两根电杆相切。 （2）拔出插在电杆 J1 杆根处花杆，用粉笔在搭接杆插花杆处作记号 1。 （3）用皮尺绕搭接杆一周，再将绕搭接杆部分对折。 （4）以记号 1 为起点，将对折的部分皮尺沿杆塔拉出，终点作记号 2。 （5）将绕搭接杆的部分皮尺的一半对折，从记号 1 始，沿新建线路侧拉出，终点即为 90 转角，作记号 3，在此处插一根花杆 A1。 （6）再将皮尺反向拉出，终点记为记号 4。 （7）用皮尺将记号 2 和记号 3 之间的部分 3 等分，以记号 2 为起点，依次记为记号 5 和记号 6。再将记号 1 和记号 4 之间 3 等分，以记号 1 为起点，依次记为记号 7 和记号 8。 （8）辅工将皮尺 0m 刻度处置于记号 1，6m 刻度处置于记号 2，操作电工在皮尺 3m 刻度处用插钎将皮尺的两段都拉直，然后在 3m 刻度处插一根花杆 A2。 （9）取一根花杆，在线路前进方向与花杆 A1 和 A2 对齐，此时 3 根花杆所在的直线即为线路中心线		
4	1 号杆定位、分坑	1 号杆和搭接杆之间的线路与原线路的之间的夹角为 60°，现场可以有多种方法定位出转角 60°线路，这里介绍用等边三角形定位出转角位 60°线路的方法： （1）由辅工将皮尺上 15cm 处于搭接杆上记号 3 处，操作电工将皮尺沿花杆 A1 和 A2 所在直线上拉直，在皮尺上 3m 处内侧插一根插钎。再将皮尺上 885cm 处交由辅工置于记号 5 处。再由操作电工在皮尺上 6m 处用插钎将皮尺绷直。 （2）拔出本表中步骤 3 中插在地上的 3 根花杆，在搭接杆上记号 5 处、皮尺上 6m 处各插一根花杆 A3 和 A4。 （3）用花杆 A5 在距离花杆 A3 大约 20m 处与花杆 A3 和 A4 瞄准，瞄准后插下 A5。 （4）辅工将皮尺上 0m 处于搭接杆上记号 5 处，操作电工将皮尺沿花杆 A3、A4 和 A5 所在直线拉出 20m，然后将花杆 A5 移到皮尺上 20m 处，该处即为 1 号电杆中心点位置	（1）将皮尺拉直不能卷曲。 （2）皮尺拉直时应在花杆的同一侧。 （3）皮尺要紧贴花杆或插钎拉直。 （4）插花杆时要注意瞄准。 （5）尽量减小误差，三角形的每边长应大于 2m	

序号	作业内容	作业标准	安全注意事项	责任人
5	1号杆1号拉线定位、分坑	（1）在A3和A4延长线上距离花杆A5约11.5m（挂点高9.5m＋坑深2m）距离处，用花杆瞄准花杆A3、A4和A5并插下，记为花杆A6。 （2）在花杆A5和A6之间拉直皮尺，在皮尺上距离A5 11.5m刻度处插上插钎b1，即为1号杆1号拉线坑中心点		
6	搭接杆弓背拉线分坑	（1）在距花杆A3的3m处插一根插钎a1。 （2）将皮尺上20m处置于插钎a1处，然后将皮尺20m刻度两边的部分在插钎上向着搭接杆方向绷直，并使两边与搭接杆相切。 （3）在皮尺上10m和30m处各插一根插钎a2和a3，在皮尺上0m和40m处各插一根插钎a4和a5，用皮尺找出a2和a3的中点并在该处插一根插钎a6，用皮尺找出a7的中点并插一根插钎a7。 （4）拔出插钎a1、a2、a3、a4和a5，将皮尺上的0m刻度处置于搭接杆上记号7处，将皮尺沿插钎a6和a7拉出，在11.5m插上插钎b2，即为搭头杆弓背拉线坑中心点	皮尺与搭接杆相切时要注意	
7	2号杆定位、分坑	采用等腰三角形法定位出转角60°线，再根据等腰三角形底边三线合一（等腰三角形底边的中线、底边的垂线和顶角的角平分线为同一直线）定理，作出等边三角形底边中线，此时即可定位出转角位30°线路。 （1）在1号杆中心点（即花杆A5处）和插钎b1所在的直线上距1号杆3m插一根插钎a8。 （2）拔出花杆A3、A4和A6，辅工将皮尺0m刻度和9m刻度置于花杆A5处，2号辅工将皮尺3m处置于插钎a8处，操作电工取皮尺上6m处将皮尺向新的线路侧拉直。 （3）操作电工在皮尺上6m处插一根插钎a9。 （4）在插钎a8和插钎a9中点处（即皮尺上4.5m处）插一根插钎a10，此时花杆A5与a10的连线与1号杆与搭接杆所在线路延长线的夹角为30°。 （5）将插钎a10拔出，在插钎a10处插一根花杆A7。 （6）在A5和A7延长线约20m处，用花杆A8与A5和A7对齐，使3根花杆在同一直线上。 （7）将皮尺在A5和A8间拉直，将花杆A8移到距A5距离20m处，该处即为2号杆中心点。 （8）拔出插钎a8和a9	（1）皮尺要保持水平状态，皮尺必须拉直。 （2）皮尺拉直时应在花杆A1、A2的同一侧。 （3）皮尺要紧贴花杆或插钎拉直。 （4）插花杆时要注意瞄准	
9	1号杆2号拉线定位、分坑	用花杆找出花杆A5和A8所在线路中心线的反向延长线，在距花杆A5约11.5m（挂点高9.5m＋坑深2m）距离处用花杆A9与A5和A8对齐，将皮尺上0m处置于花杆A5处，沿着A5和A9拉出，在距花杆A5 11.5m处插上插钎b3，即为1号杆2号拉线坑中心点		
10	3号杆定位、分坑	拔出花杆A9，用花杆找出花杆A5和A8所在线路中心线的延长线，在距花杆A8 20m处插一根花杆A10，即为3号杆的中心点		

续表

序号	作业内容	作业标准	安全注意事项	责任人
11	4号杆定位、分坑	(1) 用花杆在距花杆A10约3m处找到2号杆和3号杆中心线的延长线，在距3号杆（即花杆A10）3m处插上插钎a11。 (2) 用本表中步骤4中的等边三角形法定位出转角60°线。 (3) 用本表中步骤7中的角平分线法平分60°角定位出转角30°线。 (4) 再用角平分线法平分30°定位出转角15°线并插上花杆A11。 (5) 在距花杆A10 32m处用花杆找出转角15°线的延长线，在距3号杆20m处插上插钎b4，即为4号杆中心点，在距插钎b4 11.5m处插上插钎b5，即为4号杆的拉线		
12	3号杆水平拉线定位、分坑	(1) 拔出花杆A5、A8，并分别在对应位置插上插钎b6、b7。 (2) 用皮尺在3号杆中心点和4号杆中心点之间拉直，在距3号杆中心点3m处插一根插钎a8。 (3) 根据勾股定律，用皮尺拉出3、4、5m折成三角形，三角形的直角对准3号杆中心桩，3m直角边则为a8和3号杆中心点之间的连线，线路外侧角插一花杆A12。 (4) 用花杆A13在A10和A12的延长线上约13m处与A10和A12对齐。 (5) 用皮尺在花杆A10和A13之间拉直，在距3号杆中心点（即花杆A10）10m和12.5m，在两处各插一根插钎b8和b9，10m处为拉线杆位，12.5m处为拉线坑中心		
13	清理	将多余花杆、插钎拔出		
14	工作结束	清理现场，并将所用工器具清洁后整齐收好		

2. 操作示例图

(1) 分坑定位的杆塔线路示意图。分坑定位的杆塔线路如图2-9-1所示。

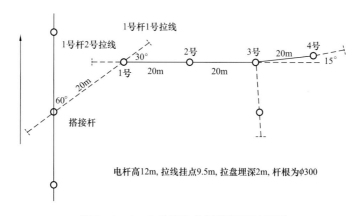

图2-9-1 分坑定位的杆塔线路示意图

(2) 使用花杆、皮尺分坑操作示意图。

使用花杆、皮尺分坑操作如图2-9-2所示。

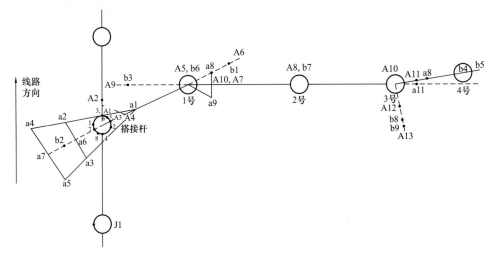

图2-9-2　使用花杆、皮尺分坑操作示意图

（3）工器具示例图。

图2-9-3花杆、皮尺分坑工器具。

图2-9-3　花杆、皮尺分坑工器具

1—榔头；2—插钎；3—工具包；4—皮尺；5—花杆

（4）确定原有线路中心线位置示例图。

图2-9-4为确定原线路中心线上的点示例图，图2-9-5为确定原有线路中心线示例图。

图2-9-4　确定原有线路中心线上的点示例图　　　图2-9-5　确定原有线路中心线示例图

（5）1号杆定位示例图。

图2-9-6为等边三角形法确定转角60°线路示例图，图2-9-7为确定1号杆坑中心点示例图。

图2-9-6 等边三角形法分转角60°线路示例图

图2-9-7 确定1号杆坑中心点示例图

（6）2号杆定位示例图。

图2-9-8为用皮尺拉等边三角形示例图，图2-9-9为找等边三角形底边中点示例图，图2-9-10为定位2号杆坑中心点示例图。

图2-9-8 用皮尺拉出等边三角形示例图

图2-9-9 找出等边三角形底边中点示例图

图2-9-10 定位2号杆坑中心点示例图

六、相关知识

1. 勾股定理

在任何一个直角三角形中，两条直角边的长度的平方和等于斜边长度的平方，这就叫勾股定理。常见的特殊直角三角形如图 2-9-11 所示。

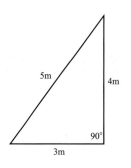 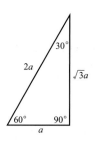

图 2-9-11　常见的特殊三角形

三条确定的边长可以确定一个三角形，因此，在使用花杆、皮尺分坑操作时，用皮尺按照图 2-9-11 中的比例拉出三角形，可确定三角形的直角（即 90°），同理也可确定 30°、45°、60°等特殊角。

2．等边三角形及"等腰三角形三线合一"定理的应用

三条边长相等的三角形为等边三角形，在花杆、皮尺分坑作业现场，可以很方便地用皮尺拉出等边三角形，用于确定 60°角。

等腰三角形底边上的高、底边上的中线、顶角平分线相互重合，简称等腰三角形底边三线合一定理。在花杆、皮尺分坑作业现场，可以用找等腰三角形底边上的中点的方式，轻松找到等腰三角形顶角平分线，也可以找出底边的垂线。

此外，用找出等边三角形底边上的中点的方式，可以平分 60°角从而找到 30°转角的线路，再平分 30°角找到转角 15°的线路。

3．拉线长度计算

单杆四方拉线坑位的测定及拉线长度的计算分两种情况：平地拉线坑位的测定及拉线长度的计算；倾斜地面拉线坑的测定及拉线长度的计算。

平地拉线坑位的测定及拉线长度的计算如图 12-9-12 所示，比较简单，根据拉线悬挂点高度 H，基础有效埋深 h 和拉线对杆身的垂直夹角，则可计算拉线坑中心 M 和拉棒露出地面点 N 到杆塔中心桩 O 的距离，分别为 d 和 d_0。计算公式为

$$d = (H+h)\tan\alpha + e$$

$$d_0 = H\tan\alpha + e$$

式中　H——拉线悬挂点到施工基面的高度，mm；
　　　　e——拉线挂点到杆塔中心的距离，mm；
　　　　α——拉线与杆塔的垂直夹角，一般为 30°或 45°。

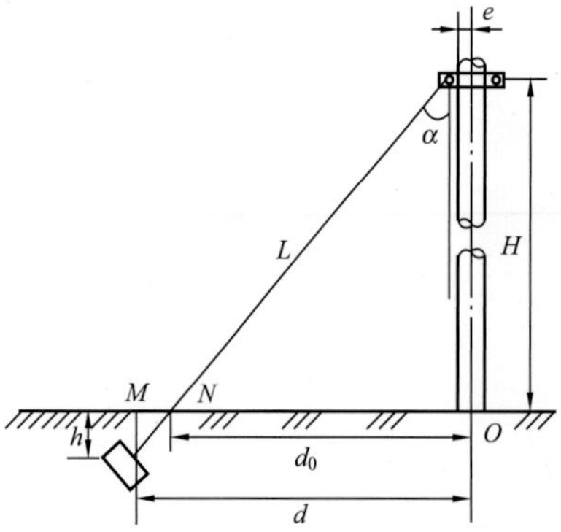

图 2-9-12　平地拉线坑位的
测定及拉线长度计算示意图

模块 10　10kV直线杆瓷棒、针式绝缘子上的导线绑扎

一、作业任务

完成 10kV 直线杆瓷棒、针式绝缘子上的导线绑扎。

二、引用文件

(1)《电气装置安装工程　35kV 及以下架空电力线路施工及验收规范》(GB 50173—1992)。

(2)《架空配电线路及设备运行规程》(SD 292—1988)。

(3)《国家电网公司生产技能人员职业能力培训规范　第 4 部分：配电线路检修》(Q/GDW 232.4—2008)。

(4)《配电网运行规程》(Q/GDW 519—2010)。

(5)《电业生产事故调查规程》(国电发〔2000〕643 号)。

(6)《电力安全工器具预防性试验规程》(试行)(国电发〔2002〕777 号)。

(7)《国家电网公司电力安全工作规程(线路部分)》(国家电网安监〔2009〕664 号)。

三、天气及作业现场要求

(1)直线杆绝缘子、针式绝缘子导线的绑扎工作是户外及杆上作业的项目，高处作业在良好的天气进行，风力不能大于 6 级，无雷暴雨、大雾。

(2)工作地段两端已验电、装设接地线，并得到工作负责人的许可，方可开始工作。

(3)更换 10kV 架空线路直线杆瓷横担绝缘子操作时，相邻两档之间杆塔下方无跨越、带电的线路。

(4)作业施工现场应增装设围栏，并挂好警示标示牌。

四、作业前准备

1. 危险点及预控测试

(1)危险点：误登杆塔。

预控措施：作业人员应先核对停电线路的双重编号无误后，方可进行登杆作业。

(2)危险点：杆塔倾倒。

预控措施：登杆作业前应对电杆及拉线周围起土、冲刷下沉、开挖等情况进行检查，检查电杆纵横向裂纹情况，电杆的埋深是否满足规程要求，拉线金具锈蚀情况及是否紧固。

(3)危险点：工器具失效。

预控措施：登杆前首先对登杆工具、安全带进行外观检查，检查脚扣有无脱焊、螺栓销钉是否完好齐全，检查防滑胶垫是否磨损、脱落，检查升降板有无裂纹断股、霉变。安全工器具应做冲击试验。

(4)危险点：高处坠物。

预控措施：

1)为防止高空坠落物体打击，作业现场必须戴好安全帽，作业下方应增设围栏，严禁有人在作业下方逗留。

2）杆上操作前注意观察高处设备的相关构件是否存在开裂、脱焊和严重锈蚀、变形及紧固件松动等异常现象。

3）高处作业应使用工具袋，上下传递工具、材料必须使用绳索，严禁上下抛掷。

（5）危险点：高处坠落。

预控措施：

1）为防止杆上作业人员高空坠落，杆上作业人员必须正确使用安全带、后备保护绳。不得失去防高空坠落安全保护措施。

2）安全带应挂在结实牢固的构件上，防止锋利物刮伤安全带，安全带应高挂低用。

2. 工器具及材料选择

本模块所需要的工器具及材料如表2-10-1所示。

表2-10-1　　　10kV直线杆瓷棒、针式绝缘子上的导线绑扎所需工器具及材料

序号	名称	规格	单位	数量	备注
1	升降板		副	1	
2	安全帽		个	1	
3	安全带		根	1	
4	后备保护绳		根	1	
5	平口钳	200mm	个	1	
6	钢卷尺	5m	把	1	
7	工具包		个	1	
8	绑扎线	单股铝线	根	3	

3. 作业人员分工

作业人员分工如表2-10-2所示。

表2-10-2　　　10kV直线杆瓷棒、针式绝缘子上的导线绑扎人员分工

序号	工作岗位	数量（人）	工作职责
1	监护人员	1	负责本次工作任务的人员分工、工作前的现场查勘、作业方案的制订、召开工作班前会，负责作业过程中的安全监督、工作中突发情况的处理、工作质量的监督、工作后的总结
2	操作电工	1	专门负责操作

五、作业程序

1. 操作流程

操作流程如表2-10-3所示。

表2-10-3　　　10kV直线杆瓷棒、针式绝缘子上的导线绑扎操作流程

序号	作业内容	作业标准	安全注意事项	责任人
1	前期准备工作	（1）履行工作票手续。 （2）现场核对线路名称、杆号。 （6）检查其他工器具	（1）工作票填写和签发必须规范。 （2）现场查勘必须2人进行	

续表

序号	作业内容	作业标准	安全注意事项	责任人
2	工器具和材料检查	(1) 检查登杆工具、个人工器具。 (2) 材料检查	(1) 登杆作业使用的安全用具无异常、超期使用；个人工器具应可靠和使用灵活。 (2) 检查杆根、杆基有无异常情况。 (3) 检查绑扎铝导线规格、长度以及是否损伤	
3	登杆及杆上站位	(1) 沿同一个方向登杆。 (2) 进入正确的工作位置	(1) 上下杆塔必须正确使用登杆工具。 (2) 上杆后必须妥善放置登杆工器具。 (3) 杆上作业及转位不得失去安全带的保护	
4	导线绑扎	(1) 架扎线：顺导线外层绕制方向，将扎线中点架在导线上。 (2) 瓶颈缠绕：扎线绕过导线，两端缠绕方向一致。 (3) 二次架线：绕过导线提起，架成双十字。 (4) 二次瓶颈缠绕：①扎线再绕过导线，两端缠绕方向一致；②且扎线不得交叉互压。 (5) 缠绕导线：绕过导线提起，在导线上每端绕8圈半，紧密无缝隙。 (6) 扎线头处理：扎线头长10mm，与导线成90°，回头与扎线贴平。 (7) 针式绝缘子导线绑扎与此方法相同	(1) 杆上作业不得失去安全带的保护。 (2) 杆上作业时要防止工器具及材料高处坠物伤人。 (3) 杆下作业人员应戴安全帽，并距离作业点垂直下方2m以外	
5	下杆	沿同一方向下杆	上下杆塔必须正确使用登杆工具	
6	现场清理	清理工器具，离开现场	(1) 安装质量符合标准、验收规范。 (2) 将工器具材料装箱。 (3) 现场不能有任何遗留物品	

2. 操作示例图

(1) 现场查勘和办理工作票。图2-10-1是现场查勘示例图，图2-10-2为办理工作票示例图。

图2-10-1　现场查勘示例图

图2-10-2　办理工作票示例图

（2）工器具的清理、摆放和检查。图 2-10-3 为工器具的清理摆放示例图，图 2-10-4 为工器具的检测示例图。

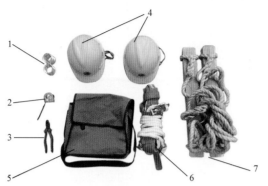

图 2-10-3　工器具清理、摆放示例图
1—铝扎丝；2—钢卷尺；3—钢丝钳；4—安全帽；
5—工具包；6—安全带；7—升降板

图 2-10-4　工器具
检测示例图

（3）导线绑扎。图 2-10-5 为架扎线示例图，图 2-10-6 为绝缘子瓶颈绑扎示例图。

图 2-10-5　架扎线示例图
图 2-10-6　绝缘子瓶颈绑扎示例图

图 2-10-7 为二次架线、绝缘子瓶颈绑扎示例图，图 2-10-8 为扎线在绝缘子上缠绕示例图。

图 2-10-7　二次架线、绝缘子瓶颈缠绕示例图
图 2-10-8　扎线在绝缘子瓶颈上缠绕示例图

图 2-10-9 为绝缘子上导线绑扎完成示例图。

图 2-10-9　绝缘子上导线绑扎完成示例图

图 2–10–10 为针式绝缘子导线绑扎各方视图。

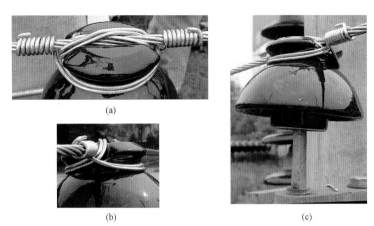

图 2–10–10 针式绝缘子导线绑扎各方视图
(a) 顶视图；(b) 左视图；(c) 右视图

六、相关知识

架空配电线路的导线在直线杆针式绝缘子和耐张杆蝶式绝缘子上的固定，普遍采用绑线缠绕法。

铝绞线和钢芯铝绞线绑线材料与导线材料相同，但铝镁合金导线应使用铝绑线，绝缘导线应使用有外皮的铁绑线。铝绑线的直径应在 2.0～2.6mm 范围内。铝导线在绑扎之前，将导线与绝缘子接触的地方缠裹宽 10mm、厚 1mm 的铝包带，其缠绕长度要超出绑扎长度 5mm。

1. 绝缘子顶部绑扎

直线杆一般情况下都采用顶部绑扎法，操作步骤分解示意图如图 2–10–11 所示。

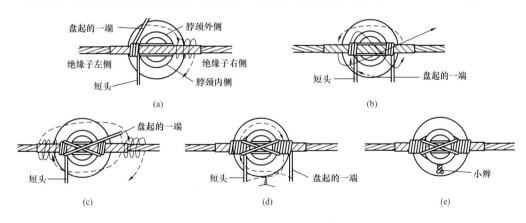

图 2–10–11 绝缘子顶部绑扎法操作步骤分解示意图
(a) 步骤 1；(b) 步骤 2；(c) 步骤 3；(d) 步骤 4；(e) 步骤 5

绝缘子顶部绑扎步骤如下：

(1) 绑扎处的导线上缠绕铝包带，若是铜线则不缠绕铝包带，将绑扎线留出 250mm 的短头由导线下方自脖颈外侧穿入，将绑扎线在绝缘子脖颈的外侧由导线下方绕到导线上方，绑扎线与导线绕线同向绕 3 圈，如图 2–10–11 (a) 所示。

（2）用盘起来的绑线在绝缘子颈外侧绕到绝缘子另一侧侧导线上，用（1）所示方法缠绕 3 圈，如图 2-10-11（b）所示。

（3）用盘起来的绑线自绝缘子脖颈内侧绕到绝缘子左侧导线下面，由导线外侧向上，经过绝缘子顶部交叉压住导线，然后从绝缘子右侧向下经过导线由脖颈外侧绕过导线，经过绝缘子顶部交叉压住导线，如图 2-10-11（c）所示。

（4）继续用（3）所示方法分别在绝缘子两端导线上分别绕 3 圈，如图 2-10-11（d）所示。

（5）扎丝从绝缘子右侧的脖颈内侧，经过导线下方绕绝缘子脖颈 1 圈与短头在绝缘子脖颈内侧拧 1 个小辫，剪断余扎线并将小辫压平，如图 2-10-11（e）所示。

2. 绝缘子颈部绑扎

颈部绑扎法适用于转角杆，此时导线应放在绝缘子脖颈外侧，操作步骤分解示意图如图 2-10-12 所示，绑扎方法如下：

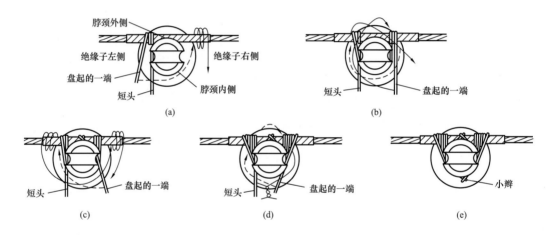

图 2-10-12 绝缘子颈部绑扎法操作步骤分解示意图
(a) 步骤 1；(b) 步骤 2；(c) 步骤 3；(d) 步骤 4；(e) 步骤 5

（1）在绑扎处的导线上缠绕铝包带，若是铜线则可不缠铝包带。

（2）把绑线盘成一个圆盘，在绑线的一端留出一个短头，其长度为 250mm 左右，由绝缘子脖颈外侧的导线下方穿向脖颈内侧，将扎丝由下向上在导线上扎 3 圈，如图 2-10-12（a）所示。

（3）扎丝自绝缘子脖颈内侧短头下从绝缘子左侧向右绕至导线下，再从脖颈外侧向上方后，在导线上扎 3 圈，如图 2-10-12（b）所示。

（4）把盘起来的扎丝自绝缘子脖颈绕到另一侧，从导线上方在脖颈外侧交叉压在导线上，然后从导线下方继续有脖颈内侧自右向左绕到另一侧，从导线下方在脖颈外侧再次交叉压导线由上方引出，如图 2-10-12（c）所示。

（5）然后用扎丝在绝缘子脖颈内侧绕过导线，分别在两端导线上每端扎 3 圈，如图 2-10-12（d）所示。

（6）把盘起来的扎丝在绝缘子脖颈的导线下方绕 1 圈，最后将扎丝余短头在绝缘子脖颈内侧中间拧 1 个小辫，剪去多余部分压平，外侧绑扎，如图 2-10-12（e）所示。

3. 绝缘子终端绑扎

终端绑扎适用于蝶式绝缘子（茶台），操作步骤分解示意图如图 2-10-13 所示，绑扎方法如下：

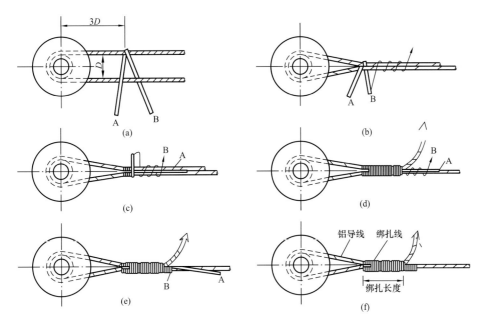

图 2-10-13　绝缘子终端绑扎法操作步骤分解示意图
(a) 步骤 1；(b) 步骤 2；(c) 步骤 3；(d) 步骤 4；(e) 步骤 5；(f) 步骤 6

（1）导线与蝶式绝缘子接触部分，用宽 10mm、厚 1mm 软铝带包缠，若是铜线可不绑铝包带。

（2）导线截面 LJ-35、TJ-35 及以下者，绑扎长度为 150mm；导线截面为 LJ-50 以上、TJ-50 以上者，用钢线卡子固定。

（3）把绑线绕成圆盘，在绑线一端留出一个短头，长度为 200~250mm。

（4）把绑线端头夹在导线与折回导线中间凹进去的地方，然后用绑线在导线上绑扎，如图 2-10-13 (a)~图 2-10-13 (e) 所示。

（5）绑扎到规定长度后，与端头拧 2~3 下，用绑线和压下的短头拧成一个小辫，剪去多余绑线后压平，如图 2-10-13 (f) 所示。

（6）绑扎方法的统一要求是：绑扎平整、牢固，并防止钢丝钳伤导线和扎线。

模块 11 使用压接法修补导线

一、工作任务

使用压接法修补导线。

二、引用文件

(1)《电气装置安装工程 35kV 及以下架空电力线路施工及验收规范》(GB 50173—1992)。

(2)《架空配电线路及设备运行规程》(SD 292—1988)。

(3)《国家电网公司生产技能人员职业能力培训规范 第 4 部分:配电线路检修》(Q/GDW 232.4—2008)。

(4)《配电网运行规程》(Q/GDW 519—2010)。

(5)《国家电网公司电力安全工作规程(线路部分)》(国家电网安监〔2009〕664 号)。

三、天气及作业现场要求

(1)现场作业人员应正确穿戴合格的工作服、工作鞋、安全帽和劳保手套。

(2)1 人操作,1 人辅助。

(3)作业人员应具备符合本项作业要求的身体素质和技能水平,精神状态良好。

(4)必要时应在工作区范围设立标示牌或护栏。

(5)作业现场不得吸烟,不得有明火。

四、作业前准备

1. 危险点及预控措施

危险点:清洗用的汽油燃烧。

预控措施:清洗用的汽油应远离明火,作业现场不得吸烟。

2. 工器具及材料选择

使用压接法修补导线所需工器具及材料如表 2-11-1 所示。

表 2-11-1　　　　　　使用压接法修补导线所需工器具及材料

序号	名称	规格	单位	数量	备注
1	压接钳及钢模	FYQ18	套	1	
2	游标卡尺	200mm	把	1	
3	卷尺	3.5m	把	1	
4	断线钳	J33	把	1	
5	钢锯		把	1	
6	木榔头		把	1	
7	钢丝刷		把	1	
8	接续管		套	1	
9	细铁丝	20 号	m	若干	

续表

序号	名称	规格	单位	数量	备注
10	凡士林（或导电膏）		盒	1	
11	汽油	90号	升	若干	
12	油盆		个	1	
13	棉布		块	2	
14	细砂纸	200号	张	1	
15	防锈漆		桶	1	

3. 作业人员分工

共需要操作人员3名（其中工作负责人1名，作业人员1名，辅助人员1名），分工如表2-11-2所示。

表2-11-2　　　　　　　使用压接法修补导线人员分工

序号	工作岗位	数量（人）	工作职责
1	工作负责人	1	现场指挥、组织协调、办票
2	作业人员	1	钳压操作
3	辅助人员	1	工器具传递等辅助工作

五、作业程序

1. 操作流程

操作流程如表2-11-3所示。

表2-11-3　　　　　　更换10kV耐张杆单片悬式绝缘子操作流程

序号	作业内容	作业步骤及标准	安全措施注意事项	责任人
1	前期准备工作	（1）履行工作票手续。 （2）装设安全围栏，悬挂标示牌	（1）工作票填写和签发必须规范。 （2）现场作业人员正确戴安全帽，穿工作服、工作鞋，戴劳保手套	
2	工作前准备	（1）现场设置围栏。 （2）把工具摆放在防潮垫上，选取压接钳的钢模，并装好。 （3）把汽油装在油盘中，并拿一块棉布泡在汽油中	汽油应远离明火	
3	清洗导线和铝接续管	（1）先把要压接的两根导线的压接部分除污，用钢丝刷来回刷导线，并用钢丝刷背部敲击导线，使其污垢振掉。清除长度为连接部分的2倍。 （2）清除铝接续管内壁的污垢，可以用较小的涂料刷或者把棉布穿过管子，拉住棉布两头来擦拭。 （3）用放在汽油中的棉布擦拭已经进行除污的导线、铝接续管和铝管芯。 （4）把用过的汽油装回油桶中，放到安全地方		

序号	作业内容	作业步骤及标准	安全措施注意事项	责任人
4	画印、涂凡士林	(1) 待擦拭两导线的汽油挥发干后，用干净的棉布再次擦拭，管内部、铝芯垫片也应擦净。 (2) 待铝接续管上的汽油挥发干后，用干净的棉布再次擦拭，管内部、铝芯垫片也应擦净。 (3) 先在纸上计算出要压的尺寸、模数，用红蓝铅笔和卷尺在铝接续管表面画印。 (4) 在铝接续管内部、铝芯垫片上涂凡士林	(1) 要严格按照要求画印。 (2) 使用汽油时要注意防火	
5	穿管	(1) 拿起一个导线头将线头上扎线解掉，穿过铝接续管。将第二根导线头上的扎线解掉，穿过铝接续管。 (2) 穿铝芯垫片：穿铝芯垫片时应贴导线并顺直，一只手扶好铝芯垫片头部，慢慢将铝芯垫片打入管中。 (3) 用细铁线将两个导线头扎紧	(1) 两个导线头部应出管30～50mm。 (2) 打铝芯垫片时不可用力过大，避免将铝芯打弯	
6	压模	(1) 操作人员操作压接钳，辅助人员扶好压接钳头部与铝接续管。操作人员先将手摇式液压泵阀门沿顺时针方向拧紧，沿上下方向摇动手柄，压模对准被压凹槽画印处压至适当位置，然后沿反时针方向松开阀门，压模会自动退出。 (2) 钢芯铝绞线应从中间开始向一端上下交替压接。一侧压完后，返回中间开始另一端上下交替压接。压接时钢模应对好所画线点，且每压好一个模时不要马上松开钢模，应停30s以上时间再松开，压取下一模。两端最后一模的坑均应压在副头上	(1) 穿管、压模后导线露出长度不小于 20mm，导线端部绑扎铁丝应保留。 (2) 压接后尺寸的允许误差：钢芯铝绞线钳接管为±0.5mm。 (3) 压接后铝接管弯曲度不应大于管长的2%，有明显弯曲时应校直。 (4) 每压好一模，应用游标卡尺检查压痕深度是否符合规范要求	
7	校直	(1) 校直时，将压接好的铝接续管放在木板上，用干净的棉布盖在管子上方，用木槌敲击，力度适中。 (2) 用游标卡尺测量压后尺寸，应符合现行规程要求	(1) 压接或校直后的接续管不应有裂纹。 (2) 管端导线不出现"灯笼"形鼓包、"抽筋"形不齐等现象	
8	外观检查	(1) 出口外露处和管口涂防锈漆（红丹）。 (2) 检查凹径尺寸并记录。 (3) 检查压模尺寸距离应正确	凹径尺寸：(20.5±0.5)mm	
9	清理现场，结束工作	(1) 清理现场，检查临时接地线已拆除把所有工器具收好，汽油、泡过汽油的棉布一并收集好带回。 (2) 清点工器具并归类装好。 (3) 终结工作票	作业现场不得有遗留物	

2. 操作示例图

(1) 工器具示例图。图 2-11-1～图 2-11-3 均为使用压接法修补导线所需的工器具示例图。

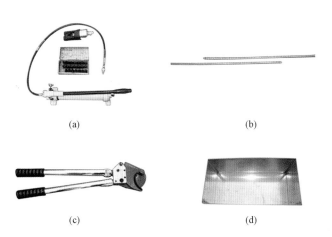

(a)　　　　　　　　　　　　　(b)

(c)　　　　　　　　　　　　　(d)

图 2 - 11 - 1　部分工器具示例图 1

(a) 钳压器；(b) 导线 LGJ - 50；(c) 断线钳；(d) 油盆

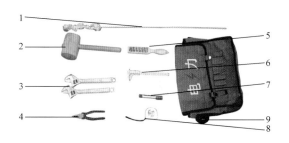

图 2 - 11 - 2　部分工器具示例图 2

1—通条；2—木榔头；3—扳手；4—钳子；5—钢刷；

6—游标卡尺；7—记号笔；8—卷尺；9—工具包

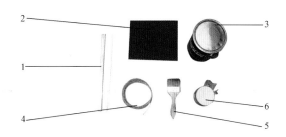

图 2 - 11 - 3　部分工器具示例图 3

1—接续管；2—砂纸；3—油漆；

4—扎线；5—刷子；6—凡士林

（2）截线。图 2 - 11 - 4 为在开断处两侧扎线示例图，图 2 - 11 - 5 为在开断处两侧截线示例图。

图 2 - 11 - 4　在开断处两侧扎线示例图　　图 2 - 11 - 5　在开断处两侧截线示例图

（3）除污垢。图 2 - 11 - 6 为用钢丝刷除导线污垢示例图，图 2 - 11 - 7 为用汽油清洗导线示例图。

图 2-11-6　用钢丝刷除导线污垢示例图

图 2-11-7　用汽油清洗导线示例图

（4）画印、穿管。图 2-11-8 为画印示例图，图 2-11-9 为在导线上涂凡士林示例图，图 2-11-10 为穿管示例图，图 2-11-11 为确认穿管后导线露出长度示例图。

图 2-11-8　画印示例图

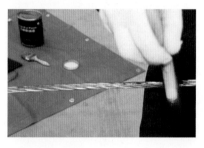

图 2-11-9　在导线上涂凡士林示例图

图 2-11-10　穿管示例图

图 2-11-11　确认穿管后导线
露出长度示例图

（5）压接。图 2-11-12 为钳压操作示例图，图 2-11-13 为用木榔头校直示例图。

图 2-11-12　钳压操作示例图

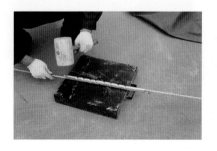

图 2-11-13　用木榔头校直示例图

（6）质量检查。图 2 - 11 - 14 为检查压膜距离示例图，图 2 - 11 - 15 为涂防锈漆示例图。

图 2 - 11 - 14　检查压模距离示例图

图 2 - 11 - 15　涂防锈漆示例图

六、相关知识

1. 导线接续的基本原则

（1）不同金属、不同规格、不同绞向的导线，严禁在同一档距内接续。

（2）在大跨越、跨越铁路、主要通航河流、重要的电力线路、一级通信线和一、二级公路等跨越档内不允许有接头。

（3）新建线路在同一档距中，每根导线只允许有一个接头。

（4）导线连接应牢固可靠，档距内接头的机械强度不应小于导线抗拉力强度的 90%。

（5）导线接头处应保证有良好的接触，接头处的电阻应不大于等长导线的电阻。

（6）输电线路接续管与耐张线夹之间的距离不应小于 15m，与悬垂线夹中心点的距离不小于 5m。配电线路接头与固定点的距离不小于 0.5m。

2. 钳压法的注意事项

（1）压模尺寸规格。压模数及压后尺寸应符合表 2 - 11 - 4 的规定。

表 2 - 11 - 4　　　　　　　　　　压模尺寸规格

导线类型 (mm²)	钳接部位尺寸			压接口	凹槽处压后外径
	a_1	a_2	a_3		
LGJ - 35	34	42.5	93.5	14	17.5
LGJ - 50	38	48.5	105.5	16	20.5
LGJ - 70	46	54.5	123.5	16	25.0
LGJ - 95	54	61.5	142.5	20	29
LGJ - 120	62	67.5	160.5	24	33
LGJ - 150	64	70	166	24	36
LGJ - 185	66	74.5	173.5	26	39
LGJ - 240	62	68	161.5	2X14	43

需要注意的是，LGJ - 35～LGJ - 185 导线每个接头只用一个钳压管，LGJ - 240 导线每个接头用两个钳压管。

（2）LGJ - 50 导线钳压连接画印位置如图 2 - 11 - 16 所示。

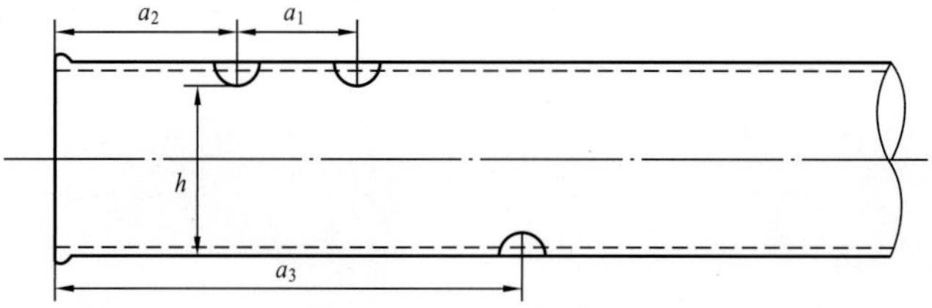

a_2　　a_1

h

a_3

图 2 - 11 - 16　LGJ - 50 导线钳压连接画印位置示意图

（3）压接时，必须按照图 2 - 11 - 17 所示的压接顺序操作，必须从中间朝两边压。

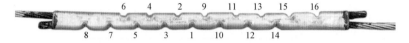

6　4　2　9　11　13　15　16

8　7　5　3　1　10　12　14

图 2 - 11 - 17　LGJ - 50 导线钳压顺序示意图

模块 12 配电线路及设备常规巡视

一、作业任务

完成配电线路及设备常规巡视。

二、引用文件

(1)《电气装置安装工程 35kV 及以下架空电力线路施工及验收规范》(GB 50173—1992)。

(2)《架空配电线路及设备运行规程》(SD 292—1988)。

(3)《国家电网公司生产技能人员职业能力培训规范 第 3 部分:配电线路运行》(Q/GDW 232.3—2008)。

(4)《配电网运行规程》(Q/GDW 519—2010)。

(5)《电力安全工器具预防性试验规程》(试行)(国电发〔2002〕777 号)。

(6)《国家电网公司电力安全工作规程(线路部分)》(国家电网安监〔2009〕664 号)。

三、天气及作业现场要求

(1)配电线路处于露天环境,巡视时如遇雨、雷、闪电,应暂停巡视。

(2)高温天气防止中暑,低温防止冻伤。

(3)配电线路巡视应该由有经验的电力线路人员担任,电缆隧道、偏僻山区和夜间巡视必须两人进行。单人巡线时,禁止攀登电杆和铁塔。

(4)雷雨、大风天气或事故巡线,巡视人员应该穿绝缘鞋或绝缘靴。

(5)线路巡视必须携带必要的防护用具、自救器具和药品和工器具,夜间巡线应该携带足够的照明工具。

四、作业前准备

1. 危险点及预控措施

(1)危险点:跌倒摔伤。

预控措施:巡视人员,保持精力集中,注意地下的沟坎、坑、洞等,防止巡视人员摔跌伤人。

(2)危险点:高空坠落和触电伤害。

预控措施:

1)单人巡视,禁止攀登杆塔,不得攀登带电设备构架碰触配电设备。

2)单人巡视,严禁擅自打开环网柜、电缆分支箱柜门,防止误碰、触电。

3)雷雨、大风天气或事故巡线,巡视人员应该穿绝缘鞋或绝缘靴。

4)夜间巡线应沿线路外侧进行。大风天气时,巡线应沿线路上风侧前进,避免万一触及断落导线触电。

(3)危险点:其他意外伤害。

预控措施:巡视时,巡视人员严禁穿拖鞋、凉鞋,防止刺脚、动物袭击伤人。

2. 工器具准备

配电线路及设备常规巡视所需工器具如表 2-12-1 所示。

表 2 - 12 - 1　　　　　　　配电线路及设备常规巡视所需工器具

序号	名称	规格	单位	数量	备注
1	数码相机		个	1	
2	望远镜	12×32	个	1	
3	钢丝钳	8in	把	1	
4	扳手	10in	把	1	
5	电工包		个	1	

3. 作业人员分工

配电线路及设备常规巡视人员分工如表 2 - 12 - 2 所示。

表 2 - 12 - 2　　　　　　　配电线路及设备常规巡视人员分工

序号	工作岗位	数量（人）	工作职责
1	主要巡视人员	1	负责全线路巡视
2	巡视监护	1	配合做好记录、巡视中负监护责任

五、作业程序

1. 操作流程

配电线路及设备常规巡视工作流程如表 2 - 12 - 3 所示。

表 2 - 12 - 3　　　　　　　配电线路及设备常规巡视工作流程

序号	作业内容	工作步骤及标准	安全措施注意事项	责任人
1	巡视前准备	(1) 查阅上月巡视记录、消缺记录、基础资料。 (2) 编制常规巡视标准化指导书、巡视卡		
2	配电线路常规巡视（通道巡视）	(1) 配电线路及设备区域内有无植树、种植灌木、建筑脚手架、大型施工机械等，距离是否符合架空配电线路及设备运行规程规定。 (2) 配电线路及设备附近有无新建的加油站、加气站、易燃易爆腐蚀的工厂、化工厂等污染、污秽源影响线路及设备不安全运行的情况。 (3) 配电线路及设备附近开挖取土，架设管道、通信，光缆，周围无堆放物、易被风刮起的漂浮物，在线路下方和设备附近修房、建塑料大棚、站台等情况。 (4) 配电线路及设备附近有无危及安全运行的建筑钢架、广告牌、天线、旗杆、烟囱、抛扔物体等。 (5) 配电线路防护区内有无爆破、射击、放风筝、钻探、打井等影响安全运行的现象。 (6) 配电线路导线及设备带电部位对其他电力线路、弱电、通信光纤、光缆线路的安全距离是否符合规程规定。 (7) 配电线路导线及设备带电部位对地、行人路道、过往天桥、管道、建筑物等的安全距离要求是否符合规程规定。 (8) 配电线路导线对下方跨越的公路、铁路、通航江河、高架桥、标志性的建筑物等的距离是否满足规程规定。 (9) 配电线路周围附近江河大水冲刷杆、拉线基础、洪水或泥石流、堡坎垮塌等异常现象。 (10) 有无单位或个人违反《电力设施保护条例》的行为	(1) 巡视检查线路的隐患，制止危害线路安全运行行为。 (2) 恶劣天气和山区巡视应带好防护用具、药品，汛期不得涉渡。 (3) 巡视中禁止攀登杆塔、设备，擅自打开分支箱及柜门，防止触电。 (4) 线路巡视过程中，对带电线路必须保持规程要求的安全距离。 (5) 线路巡视时应该遵守交通规则。 (6) 巡视线路时，如遇路滑，应慢慢行走，过沟、崖、墙时要防止摔倒	

续表

序号	作业内容	工作步骤及标准	安全措施注意事项	责任人
3	配电线路常规巡视（杆塔巡视）	（1）运行线路杆塔的相关规定：混凝土杆直线、转角杆倾斜不得超过 15/1000，转角杆不得向内角倾，终端杆不得向线路受力方向倾斜，向拉线侧倾斜不得小于 200mm；钢管杆 50m 以下倾斜不得超过 10/1000。检查钢管杆、构件有无弯曲、变形、锈蚀，杆塔连接固定螺栓有无松动脱帽。 （2）混凝土杆不得有纵向、横向裂纹，且裂纹宽度不得超过 0.5mm，不得有酥松脱落、钢筋外露，焊接处无裂纹、锈蚀。 （3）检查杆塔位置是否合适，有没有可能被车撞，或在盲道上，杆塔周围的防洪设施有无被洪水冲刷、垮塌、人为损坏等异常现象。 （4）检查杆塔基础有无裂纹、损坏、下沉或上拔，基础周围有无开挖起土、沉陷，排水沟是否畅通、垮塌、损毁。 （5）杆塔标示：杆塔在路边、行人道应贴防撞警示标示，杆塔上应有线路名称、杆塔号，转角、终端杆应有相位，警告警示应齐全醒目清楚。 （6）杆塔周围不应修建、堆物、种植树、竹，杆身不应有植物蔓藤附着及鸟巢、蜂窝等其他杂物	严禁登杆检查缺陷	
4	配电线路常规巡视（横担及金具巡视）	（1）横担不应有锈蚀（横担锈蚀面积不得超过 1/2），横担倾斜上下左右不得超过横担长的 2%。检查横担条形孔处有无垫片，不得有扭曲、变形等异常。 （2）金具和铁附件不应有锈蚀、变形；检查螺栓是否松动、缺、脱螺帽；检查销钉是否齐全锈蚀、断裂、脱落	单人巡视时，严禁登杆检查横担及金具	
5	配电线路常规巡视（绝缘子巡视）	（1）绝缘子表面不应有脏污、裂纹、闪络痕迹，硬伤面积不得超过 10mm²。检查绑扎导线的扎线是否松动、断裂、脱落。 （2）绝缘子不应倾斜，固定螺栓不能有锈蚀松动，绝缘子铁脚、铁帽不应有锈蚀、弯曲。 （3）合成绝缘子表面雨裙无烧伤、破裂损伤，铁脚、铁帽不应有锈蚀，胶合处无裂纹、弯曲	单人巡视时，严禁登杆检查绝缘子	
6	配电线路常规巡视（导线巡视）	（1）裸导线的巡视： 1）导线不应有散股、断股、烧伤痕迹，导线经过化工厂无腐蚀、水泥厂和矿场无粉尘堆积现象； 2）检查架空导线每相弧垂是否一致，每相弧垂相差不宜过小或过大，上下跨越的距离应满足规程要求； 3）导线接续和修补位置不应有烧伤、烧熔痕迹、变色等，铜铝导线连接应用铜铝并沟线夹或铜铝设备线夹过渡，并沟、设备线夹的弹簧垫圈齐全，连接固定螺母齐全无松动、缺帽且紧固； 4）导线在固定线夹内不应有滑动，线夹螺栓、销钉齐全，导线固定、绑扎应牢固； 5）检查引流线或跳线相间、对地距离（杆塔、金具、拉线）是否满足规程要求，巡视时应特别注意在最大风偏时相间、对地距离，引流线、跳线应与绝缘子有一定距离，不得靠着绝缘子伞裙。	（1）裸导线巡视时，必须保证 0.7m 以上的安全距离。 （2）导线强度的试验值不应小于原破坏值的 80%。 （3）导线与地面距的最小距离应符合规程要求。 （4）严防带电导线断落伤人。 （5）雷雨天气巡视应该由 2 人进行，并穿绝缘靴	

续表

序号	作业内容	工作步骤及标准	安全措施注意事项	责任人
6	配电线路常规巡视（导线巡视）	(2) 绝缘导线的巡视： 1) 绝缘线外层刮伤磨损、起泡变形、裂纹、龟裂，绝缘线外层拉裂导线露出； 2) 绝缘导线线路沿线无树枝刮蹭绝缘层、有无放电痕迹； 3) 绝缘导线接续管外层绝缘不应有烧焦变色、鼓泡、龟裂接续管露出； 4) 绝缘导线连接、接续处用红外测温仪检测，并检查绝缘导线线夹有无滑动导线弧垂是否一致		
7	配电线路常规巡视（拉线巡视）	(1) 检查拉线、高帮拉线抱箍、金具及铁附件有无锈蚀、变形，高帮桩有无横向倾斜、纵横向裂纹、损坏。 (2) 检查拉线固定是否牢固，拉线、高帮桩基础周围有无沉陷、起土、冲刷等现象。 (3) 检查拉线、高帮拉线穿越导线、跳线（引流线）下方有无绝缘子，拉线绝缘子是否损坏。 (4) 检查高帮水平拉线对地距离是否满足运行规程要求，拉线、高帮桩是否妨碍交通或行人。 (5) 检查拉线、高帮桩周围有无蔓藤植物缠绕，离公路较近时、在行人道上时有无防撞警示标示，检查标示是否明显、清楚或丢失	雷雨天气巡视应该由2人进行，并穿绝缘靴	
8	配电线路常规巡视（避雷器及接地装置巡视）	(1) 检查瓷质、合成避雷器绝缘伞裙有无硬伤、老化、破损开裂、闪络等现象。 (2) 检查避雷器的固定时是否牢固，螺栓有无脱帽松动、歪斜现象，避雷器上下引线与相邻相、对地距离是否满足运行规程要求。 (3) 检查避雷器上下引线连接是否牢固，上下引线有无散股、断股，连接处有无变色、松动、氧化腐蚀、绝缘线外层裂纹、鼓泡等现象。 (4) 检查附件有无锈蚀，接地端焊接处有无裂开、脱焊等现象。 (5) 检查接地引下线有无断股、散股、丢失现象，接地引下截面是否符合要求。 (6) 检查接地体与接地引下线连接是否牢固，螺栓、线夹有无脱落、缺垫片，接地线、接地体、绑扎有无丢失。 (7) 检查接地体有无外露、接地体出土处是否严重锈蚀，接地体埋设周围有无堆放化工原料、土石方等	(1) 雷雨天气，严禁登杆检查避雷器及接地装置。 (2) 有避雷线的配电线路，其杆塔接地电阻值不宜大于 Q/GDW 519—2010 所规定的数值。 (3) 检查接地装置时不应触及带电设备。 (4) 雷雨天气巡视应该由2人进行，并穿绝缘靴	
9	配电设备巡视（杆上断路器、隔离开关、跌落式熔断器巡视）	(1) 检查真空断路器瓷质、合成绝缘套管表面有无脏污、闪络放电痕迹、破裂，合、断指示箭头位置是否准确，开关外壳接地是否良好。 (2) 检查隔离开关瓷件是否碎裂、烧伤、闪络。 (3) 检查跌落式断路器瓷件是否碎裂、烧伤，熔断器是否烧焦、丢失，熔丝配置是否正确。 (4) 检查断路器、隔离开关、跌落式熔断器进出引流导线、设备线夹连接是否牢固，相间、对地距离是否满足运行规程要求，铜铝过渡线夹有无裂纹、熔化痕迹、过热变色现象。 (5) 检查断路器、隔离开关、跌落式熔断器支架构件、横担、铁附件是否有歪斜、缺帽、锈蚀严重等现象。 (6) 检查断路器名称、编号、杆号、警示、警告标志，是否有破损、脏污、字迹不清晰现象，各类标志是否齐全、有无丢失现象	(1) 单人巡视时，严禁登杆塔检查杆上断路器、跌落式熔断器。 (2) 雷雨天气巡视应该由2人进行，并穿绝缘靴	

续表

序号	作业内容	工作步骤及标准	安全措施注意事项	责任人
10	配电设备巡视（配电变压器、台架及附件巡视）	（1）配电变压器本体巡视： 1）变压器本体有无锈蚀、移位、歪斜、浸油、渗油、漏油现象； 2）变压器瓷套管有无脏污、裂纹、脱釉，闭封胶圈是否有老化渗油、浸油现象； 3）储油柜、散热管有无锈蚀、浸油、渗油、漏油现象； 4）油位、油色、油温有无异常，是否变色，呼吸器、硅胶有无变色，运行中的配电变压器声音有无异常等。 （2）配电变压器台架、附件： 1）台架抱箍、槽钢横担有无锈蚀、弯曲变形，固定螺栓是否牢固、有无倾斜，双螺母是否缺帽，螺栓出丝是否符合要求； 2）高、低压侧横担是否锈蚀、歪斜，螺栓是否固定牢固； 3）高、低压侧导线绝缘是否老化、龟裂、鼓泡，固定导线绑扎线有无脱落； 4）高、低压侧各连接是否牢固，铜铝过渡线夹连接有无发热、变色现象； 5）变压器防盗装置是否完好，有无损坏	（1）配电变压器巡视时，巡视人员应与带电设备保持安全距离。 （2）雷雨天气巡视应该由2人进行，并穿绝缘靴	
11	运行分析会	每月召开一次线路运行分析会		
12	缺陷记录整理	缺陷汇总上报	缺陷分类准确、并附照片	
13	常规巡视工作终结	（1）核对消缺陷记录是否消除缺陷，并做好消缺记录。 （2）巡视记录整理，按缺陷类别填写缺陷记录	资料的收集整理，缺陷汇总上报	

2. 操作示例图

（1）巡视工器具。巡视个人工器具如图2-12-1所示，专用工器具如图2-12-2所示。

图 2-12-1　配电线路巡视个人工器具
1—扳手；2—砍刀；3—螺丝刀；4—棍棒；5—钢丝钳；6—工具包

（2）通道和杆塔巡视。图2-12-3、图2-12-4分别为配电线路通道缺陷、电杆本体纵向裂纹示例图。

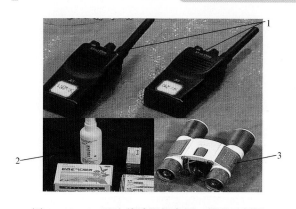

图 2-12-2　配电线路巡视专用工器具示例图
1—对讲机；2—药品；3—望远镜

图 2-12-3　配电线路通道缺陷示例图

（3）导线和拉线巡视。图 2-12-5、图 2-12-6 分别为导线缺陷、拉线基础缺陷示例图。

图 2-12-4　电杆本体缺陷示例图

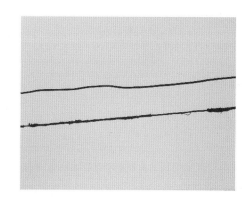

图 2-12-5　导线缺陷示例图

（4）金具和绝缘子巡视。图 2-12-7 为金具及绝缘子缺陷示例图。

（5）避雷器和接地装置巡视。图 2-12-8 为杆塔接地装置断裂缺陷示例图。

图 2-12-6　拉线基础缺陷示例图

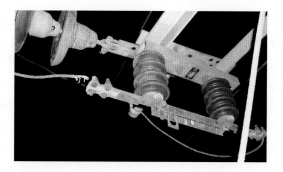

图 2-12-7　金具和绝缘子缺陷示例图

（6）跌落式熔断器和柱上断路器巡视。图 2-12-9、图 2-12-10 分别跌落式熔断器、柱上断路器缺陷示例图。

（7）配电变压器巡视。图 2-12-11 为配电变压器缺陷示例图。

图 2 - 12 - 8 杆塔接地装置断裂缺陷示例图

图 2 - 12 - 9 跌落式熔断器缺陷示例图

图 2 - 12 - 10 柱上断路器缺陷示例图

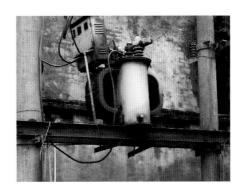

图 2 - 12 - 11 配电变压器缺陷示例图

六、相关知识

1. 配电线路常用设备的作用

配电线路常用设备有跌落式熔断器、断路器（开关）、避雷器、隔离开关、变压器等。

（1）跌落式熔断器的作用。

1）跌落式熔断器广泛应用在配电线路中，可起到过载和短路保护作用，对较远的分支线继电保护保护不到的范围起到保护作用。也可做用户支线分断开关。

2）跌落式熔断器的结构简单、维修方便。在配电线路正常运行时，靠熔丝的拉力使熔管上动触头与上静触头接触紧密，当发生故障时，短路电流使熔丝烧断，熔管内产生大量气体，电流过零时电弧在熔管熄灭，熔管上动触头失去熔丝拉力，在熔管自重作用下熔管向下落，切断电路断开。跌落式熔断器如图 2 - 12 - 12 所示。

（2）断路器（开关）的作用。

1）断路器在正常运行情况下接通、断开电路中空载及负荷电流，灭弧能力强。

2）在配电线路发生故障时，能与系统保护和自动装置配合，迅速切断故障电流，防止事故扩大，保证系统稳定运行。

3）系统改变运行方式和线路联络时，断路器（开关）起到分、合作用。

图 2 - 12 - 13 为户外空气断路器示例图。

图 2-12-12　跌落式熔断器

图 2-12-13　户外空气断路器

（3）避雷器的作用。

1）避雷器是一种能释放雷击电流或可能释放系统操作过电压能量，保护系统设备免受瞬时过电压危害，又能截断续流，不致引起系统接地短路的装置。

2）避雷器是连接导线、系统设备和地之间的一种防止雷击的设备，常用在被保护线路设备的并联中。避雷器可以有效地保护系统设备，一旦发生不正常电压，避雷器起到保护的作用，当电压值正常后，迅速恢复正常状态，并保护系统正常运行。

3）避雷器还可以用来防护外部过电压、操作过电压、大气过电压。如雷雨天气，雷鸣闪电会发生雷击过电压，系统设备就有可能受到威胁，此时避雷器就会发挥起作用，保护系统设备免受损害。

4）避雷器最大的作用也是最重要的作用就是限制过电压，保护系统设备正常运行，使雷电流流入大地，使系统设备不会产生过电压。各种类型避雷器的作用工作原理相同，都是为了保护系统设备正常运行不受损害。

避雷器如图 2-12-14 所示。

（4）隔离开关的作用。

1）隔离开关主要用来将配电装置中需要停电部分与带电部位隔离，以保证线路、设备检修、维护时的工作安全。

2）隔离开关静、动触头露在空气中，具有明显的断开位置，没有灭弧装置，因此，不能直接用来断、合负荷电流。带负荷断、合会产生电弧，电弧不能自灭电弧，电弧可能会造成相间、相对地电弧弧光短路烧坏系统设备，危及人身安全，严重事故。

3）隔离开关还可以用在环网供电、负荷的切换中起分断和明显的断开作用。

户内隔离开关如图 2-12-15 所示。

图 2-12-14　避雷器示意图

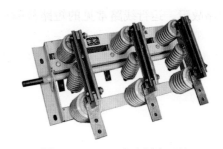

图 2-12-15　户内隔离开关

（5）变压器的作用。

1）变压器是变电的核心设备，通过它将高电压的交流电能转换成低电压的交流电能，以满足输电、供电、配电或用电的需要。

2）升压变压器是提高线路输送容量和距离，降低线路损耗。

3）降压变压器是提供合适的供电电压，降低设备绝缘等级。

配电变压器如图2-12-16所示。

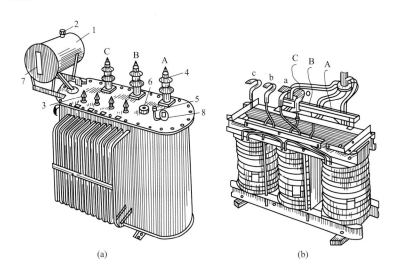

图2-12-16　配电变压器示意图

（a）变压器外形；（b）变压器器身

1—储油柜；2—加油栓；3—低压套管；4—高压套管；5—温度计；

6—无载调压开关；7—油面计（油标）；8—吊环

2. 架空配电线路常见的故障

架空配电线路受到周围环境、天气变化、外力破坏的影响，在运行时容易发生各种故障，影响线路的可靠运行。

（1）单相接地。

绝缘子表面脏污闪络烧伤、破损、树枝、竹等容易引起单相接地故障。

（2）接地故障。接地故障是某处绝缘受损、闪络、破裂。接地故障不足以引起线路跳闸。如某处绝缘出现问题，断路器未跳闸、跌落式熔断器未落下，这类故障白天难以查明故障点，只有在夜间时线路带电的情况下，容易发现某位置有放电或打火现象。

（3）短路故障。运行线路常见的短路故障：线路引流线（跳线）、高压引线断线弧光短路；跌落式熔断器、断路器、隔离开关弧光短路故障；雷击线路弧光短路。短路故障发生时短路电流大，对系统设备损害严重，影响线路正常运行。

（4）永久性故障。发生永久性故障后线路不能自动重合，必须通过故障查找消除故障后，才能恢复线路正常运行。

（5）瞬时性故障。发生瞬时性故障不需要进行故障处理，又自动恢复故障消除。如树枝被大风吹瞬时接触带电导线、设备形成的过程就是瞬时性故障。

（6）外力影响。人为破坏电力设施，在电力设施保护范围区域内进行大型机械作业、爆破、开挖、起土、堆放、放风筝、打鸟、设置大型广告牌或气球等，随时都有可能影响线路的安全运行。行驶的车辆碰撞电杆、拉线或电力设施，会造成倒杆断线的严重事故。

（7）鸟类的影响。鸟栖息、筑巢在杆塔上，在线间穿梭飞翔，可能造成线路接地或短路事故。

（8）空气污染的影响。化工污秽对金具、附件的腐蚀，绝缘子的绝缘水平降低、劣化、闪络影响线路运行。

（9）天气变化常见的故障。

1）风的影响。风力超过杆塔的机械强度时，会造成杆塔倾倒、倒杆、断线损坏，使导线碰线和绞线、引流线摆动跳闸。大风刮起杂物到导线上会影响线路运行。

2）雨的影响。大雨冲刷杆塔基础，河水暴涨，会造成倒杆事故，毛毛细雨、雨雾会使污秽绝缘子沿表面放电、闪络、损坏，影响线路运行。

3）雷击的影响。线路及设备遇雷击时，绝缘击穿、损坏会造成弧光接地或短路，使设备损坏、导线损伤甚至发生断线停电事故。

4）气温的影响。气温变化时，炎热天气导致导线弧垂变大，导线混线、碰线、下方跨越距离不足而放电。低温天气会使导线张力过大，导线结冰雪，增加导线所受重量超过导线的破断拉力造成断线事故。

线路巡视工作最主要是线路运行人员的责任心，巡视检查一定要到位，对线路每一部件和设备、杆塔基础、接地装置、沿线周围环境情况检查全面，细致掌握线路运行状态。为了及时掌握线路及设备的运行情况，随时了解线路环境状况，相关电力设施保护措施及巡视要求，确保线路安全可靠运行。

参 考 文 献

［1］ 汤晓青. 输电线路施工实训教程［M］. 北京：中国电力出版社，2009.

［2］ 杨力. 架空输配电线路检修［M］. 北京：中国水利水电出版社，2011.

［3］ 杨力. 架空输配电线路施工［M］. 北京：中国水利水电出版社，2013.

［4］ 薛浒. 架空配电线路［M］. 北京：中国电力出版社，2003.

［5］ 国家电网公司生产技能人员职业能力培训专用教材（配电线路检修分册）［M］. 北京：中国电力出版社，2010.

［6］ 崔吉峰. 架空输电线路作业危险点、危险因素及预控措施手册［M］. 北京：中国电力出版社，2007.